AF330353

LES
MERVEILLES
DES BAINS
D'AIX EN SAVOYE

PAR

LE DOCTEUR J.-B. DE CABIAS

RÉIMPRESSION TEXTUELLE DE LA 1re ÉDITION (1623)

AVEC UNE PRÉFACE

PAR

LE DOCTEUR LÉON BRACHET

MÉDECIN CONSULTANT AUX BAINS D'AIX

ET UNE NOTICE BIBLIOGRAPHIQUE

PAR

V. BARBIER

F. DUCLOZ

IMPRIMEUR, A MOUTIERS-TARENTAISE

1891

A Ma Bibliothèque Nationale

hommage de l'Editeur

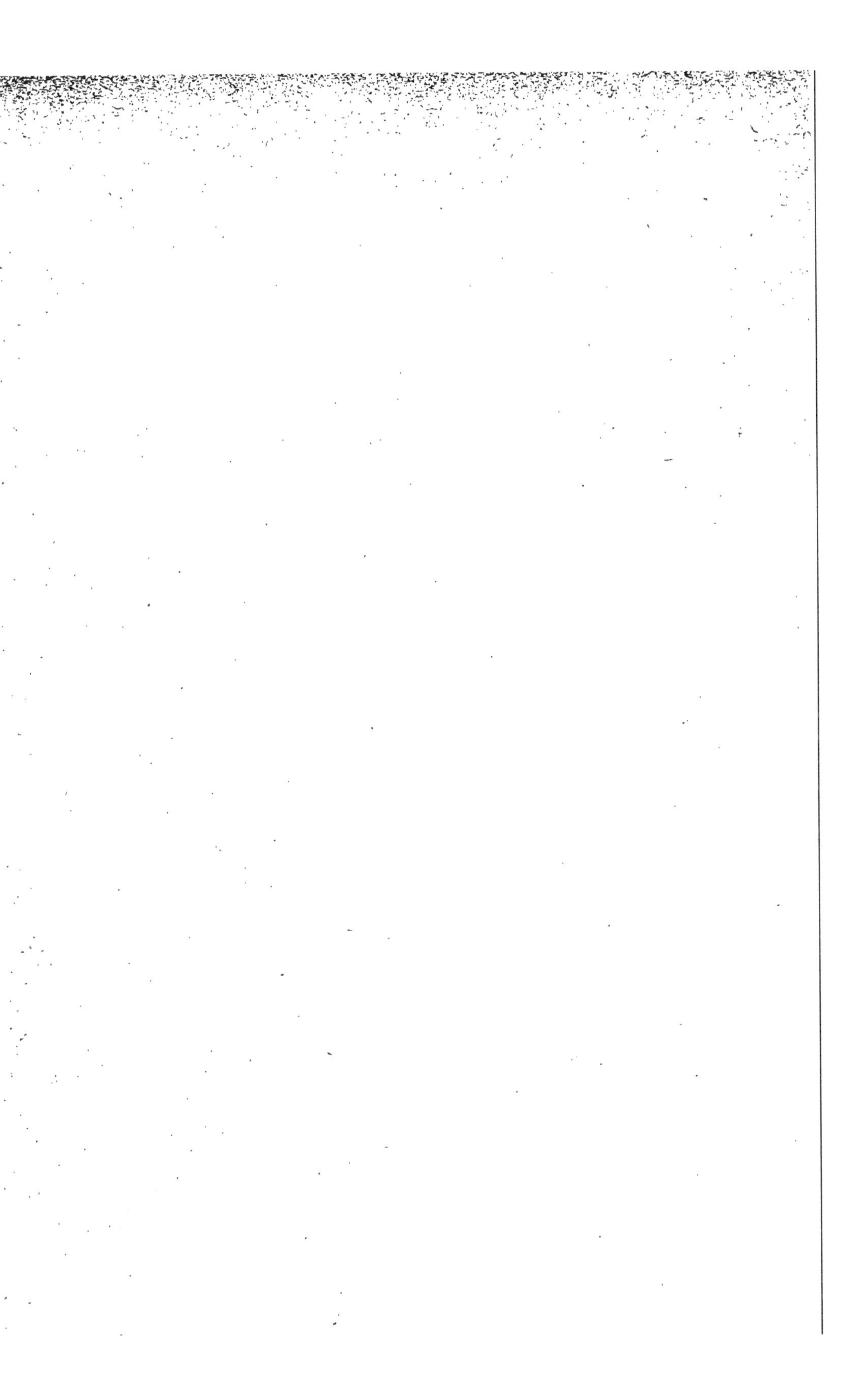

LES MERVEILLES

DES BAINS

D'AIX EN SAVOYE

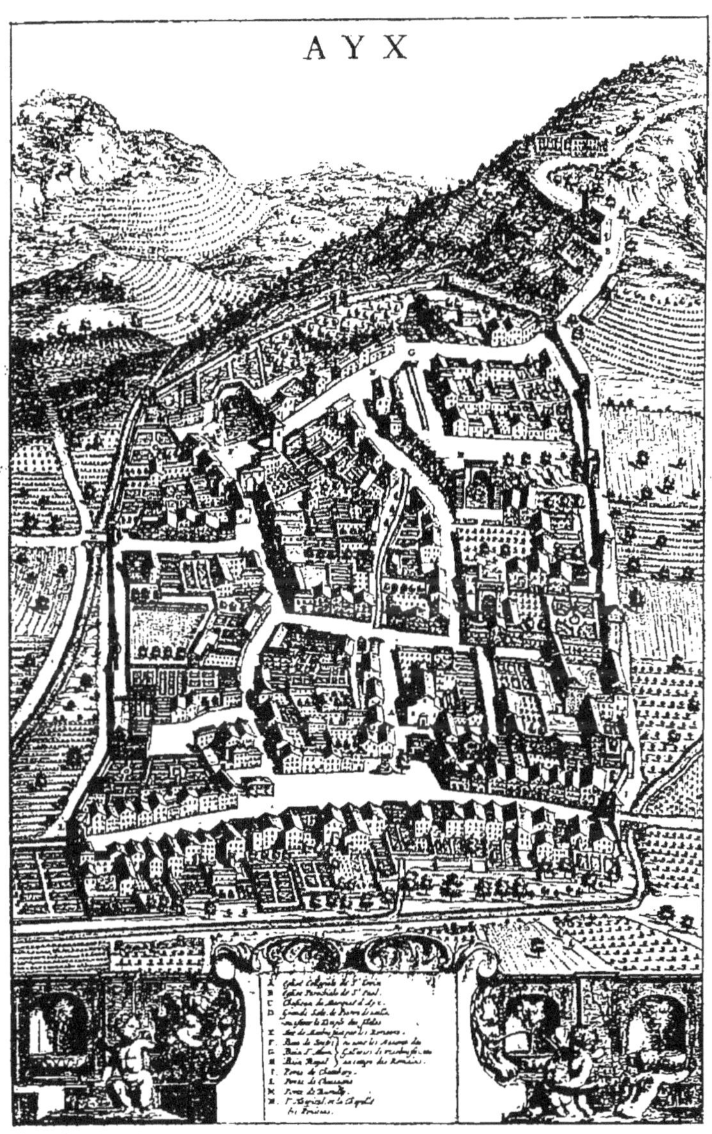

Imp. Ducloz, Moutiers.   Theatrum Sabaudiæ

Vue d'Aix-les-Bains en 1675

LES
MERVEILLES
DES BAINS
D'AIX EN SAVOYE

PAR

Le Docteur J.-B. de CABIAS

RÉIMPRESSION TEXTUELLE DE LA 1re ÉDITION (1623)

AVEC UNE PRÉFACE

PAR

Le Docteur Léon BRACHET

MÉDECIN CONSULTANT AUX BAINS D'AIX

ET UNE NOTICE BIBLIOGRAPHIQUE

PAR

V. BARBIER

F. DUCLOZ

IMPRIMEUR, A MOUTIERS-TARENTAISE

1891

PRÉFACE

TROIS *chofes doiuent fatisfaire &*
contenter vn homme, à fçauoir
la prudente, & limitee curiofité ;
la fcience ; & l'affeuree experience de ce
à quoy il eft employé.[1] Telles sont les
ambitions qui amenèrent Jean-Baptiste

[1] Page 11, édition de 1623.

de CABIAS à Aix en Savoie, au Logis
de la *Croix-Blanche*, pour étudier les
vertus merveilleuses des Bains d'Aix
et en faire part au public *tant*, dit-il,
*pour la confolation de ceux qui s'en font
bien trouuez que pour inuiter & confeiller ceux qui font attaints de maladies croniques, à les vifiter*.

L'œuvre du médecin dauphinois a
dormi plus de deux siècles et, à
l'heure où l'habile éditeur de Moutiers, sans cesse à la recherche de tout
ce qui touche ou intéresse la vieille
patrie savoyarde, va le faire revivre,
nous devons à la mémoire de Cabias
le respectueux hommage d'une con-

fraternelle et patriotique reconnais-
sance.

Le premier il a tenté de vulgariser
ce que les maîtres anciens avaient
appris aux seuls initiés ; dit en quel
honneur les Grecs et les Romains
tenaient l'usage des thermes ; cherché à travers l'enseignement touffu
de son temps toutes les raisons mili-
tant en faveur du traitement balnéaire ;
appelé à son aide la philosophie, la
théologie et une série d'observations
dont beaucoup méritent d'être rete-
nues. Enfin, aucune plume ne retra-
cera un plus charmant éloge des eaux
d'Aix-les-Bains et de leurs vertus

curatives : « *ie diray, Que les Bains ont cefte merueille auec eux, que d'eftre le seul medicament delicieux pour maintenir les fains, fortifier la nature languiffante & reftaurer les malades... ils donnent le repos fans peine.* »[1] Il fut aussi des premiers à dire la beauté de nos montagnes, la grâce du site d'Aix, et à promettre aux malades un remède salutaire dans un cadre enchanteur.

C'est donc un devoir et un plaisir pour nous de saluer l'élégante et précieuse résurrection de ce volume oublié et perdu au fond de quelques rares bibliothèques.

[1] Page 75, édition de 1623.

Comme tant d'autres soldats de la profession médicale, Cabias a passé, prodiguant ses forces physiques et intellectuelles, soulageant, guérissant, cherchant le remède et le divulguant, sans rien nous laisser sur sa vie. Il venait du Dauphiné, avait exercé la médecine à Vienne et à Saint-Marcellin, « *villes remplies de rares et fauants hommes* », visité, soigné beaucoup de malades, et enfin, en juin 1621 ou 1623, quitté sa province, ses foyers, pour aller à Aix s'assurer de la valeur du remède qu'il ordonnait : *ne fachant leurs propriétez & qualitez, que par la couſtume, & vſage familier de ceux de cefte Prouince.*[1]

Son œuvre nous le montre actif, énergique, ne voulant « *ni pouſſer le temps par les eſpaules ni vivre trop pareſ-ſeuſement en curieux & chercheur* », les yeux ouverts à toutes les belles et grandes choses de la nature, la pen-sée, l'esprit en éveil quoique liés encore par toutes les chaînes qui retenaient alors les sciences captives ; profondément croyant et soigneux d'éviter toute hardiesse antireligieuse (il en pouvait coûter encore fort cher

[1] Page 15, édition de 1623.

à cette époque de trop vouloir sonder et expliquer),Cabias s'excuse presque en finissant d'avoir cherché ce qu'il appelle le *secret des causes* : « *C'eſt choſe fort honnorable de ſçauoir ce que la Nature nous enſeigne : mais de paſſer outre, & apoſtropher le Seigneur des Seigneurs, dire beaucoup de ce qu'on ne peut rien ſçauoir,* niſi veluti per speculum, & in enigmate, *c'eſt vouloir trop entreprendre, & dire trop peu de ce qu'on diroit beaucoup dauantage, s'il nous eſtoit cogneu.* [1]

Ne trouve-t-on pas dans cette déclaration le secret de l'arrêt de

[1] Page 15, édition de 1623.

tout progrès scientifique, depuis Hippocrate jusqu'au xve siècle?

Pour mieux comprendre cette originale monographie, il faut reporter notre attention sur le niveau scientifique et médical du commencement du xviie siècle.

Quand Jean-Baptiste de Cabias la publia on était à une époque de calme. Les guerres de religion avaient pris fin depuis une trentaine d'années. Les désordres politiques de la minorité de Louis XIII n'avaient guère eu d'écho dans le monde médical. Les luttes d'attributions, de préséance, qui éclataient périodiquement entre les médecins et les chirurgiens de Paris, entre sa Faculté et d'autres Facultés orgueilleuses comme elle, étaient momentanément calmées. Les rivalités pédagogiques, les discussions scientifiques qui prirent plus tard le caractère de controverses théologiques, n'étaient pas encore soulevées.

Dans ses nombreuses expériences sur les animaux, Harvey avait reconnu la grande circulation dont il exposait la découverte dans son amphithéâtre de l'hôpital St-Barthélemy à Londres. Mais en ces temps la tradition régnait encore en maîtresse souveraine ; il fallait des années pour vulgariser et faire admettre un fait d'expérience. Le bruit de la découverte de l'illustre physiologiste anglais était à peine parvenu sur le continent. L'antiquité avait décidément vaincu le moyen âge et Galien semblait avoir détrôné pour toujours Avicenne et Averrhoës. Le modeste et laborieux Chartier pâlissait sur les textes Grecs; ce retour au passé constituait un progrès.

Grâce à la connaissance qu'on acquit des principaux monuments de la science antique, une foule de doctrines absurdes, de pratiques puériles et dangereuses furent abandonnées. La médecine fut débarrassée d'une partie de termes barbares qui lui donnaient un faux air de science occulte et la solidarisaient avec la iatromantique, que les nombreux rêveurs des derniers moments de l'école d'Alexandrie avaient léguée à l'Occident.

Le mouvement de rénovation, si intéressant et si utile à son début, avait fini par dévier et menacer l'avenir même de la science. A force d'admirer l'érudition, on lui donna le pas sur l'observation. L'engouement pour les Grecs était tel que certains médecins hellénistes publièrent leurs travaux personnels en les présentant comme des manuscrits anciens trouvés par eux. On les admira de confiance, tandis qu'ils n'eussent rencontré que dédain si l'on en avait connu la véritable origine.

Ce fut contre ces tendances, contre le caractère pédantesque de l'enseignement que lutta plus tard Théophraste Renaudot. Mais en 1623, la guerre n'était pas engagée et Renaudot, qui pratiquait tranquillement à Loudun, n'y songeait même pas.

La chimiatrie n'existait qu' à l'état embryonnaire. Des médecins plus osés que les autres essayèrent de suivre Paracelse ; il y avait dans l'œuvre du fougueux polémiste autre chose que des injures, autre chose que des pratiques magiques.

En l'étudiant avec soin on relevait une foule d'observations ingénieuses et d'idées justes ; elles étaient enfouies sous un jargon obscur que les compatriotes de Paracelse avaient peine à comprendre. En en retranchant ce qui touchait à l'alchimie, il restait assez de faits pour étayer des doctrines nouvelles.

Malheureusement il manquait à la chimie l'instrument nécessaire pour qu'une série de notions, puisse arriver à constituer une science ; il lui manquait la méthode. On comprend que ses applications se ressentissent de cette imperfection. Plus tard, van Helmont et Jacques de la Boe, qu'on appelait Sylvius, essayèrent de substituer au système de Paracelse des systèmes mieux pondérés, mais qui ne valaient pas mieux que le sien. En 1623 la France ne comptait guère qu'un médecin honorable professant et défendant la Chimiatrie, c'était Lazare Rivière de Montpellier ; ses doctrines ne soulevèrent pas de difficultés ; plus tard seulement lorsqu'on les étendit et qu'elles eurent gagné des partisans, les amis du passé s'indignèrent. Guy Patin, le champion le plus ardent de la Faculté de Paris, confondait dans une même haine, les chimiatres de Montpellier, les apothicaires qu'il appelait cuisiniers arabesques, les chirurgiens et celui qui pour lui personnifiait tous ces hérétiques, Théophraste Renaudot. On se menaça, on se déchira ; mais comme les pamphlets les plus véhéments n'avaient pas de sanction, les orthodoxes allèrent jusqu'au Parlement, afin de ramener par autorité de justice leurs confrères à la saine thérapeutique.

Pour Jean-Baptiste Cabias, ce moyen cœrcitif ne fut jamais nécessaire. Il était sur un terrain brûlant : pour parler d'une station thermale, pour expliquer les bons effets de ses eaux, il fallait bien recourir à la chimie et de la chimie du temps à la chimiatrie et à l'alchimie, il n'y avait qu'un pas. Mais notre auteur était un lettré, un homme habile, il sut confesser à propos son ignorance et éviter, autant qu'elles pouvaient être évitées, les conception hasardeuses. Si son livre se trouvait dans la bibliothèque de Lazare Rivière et dans celle de Guy Patin, l'un et l'autre pouvaient le lire sans colère.

A. quelle école avait été formé

Cabias ? Il ne nous l'a pas dit.[1] Il connut les eaux d'Aix par la rumeur publique : *ie viſitoy*, dit-il, *pluſieurs malades, les vns paralitiques de quelques parties de leurs corps; les autres ſubieɛts à des ſciatiques, coliques nefretiques & ven-teuſes, douleurs de iointures par deborde-ment de* rheume acre & mordicant : *d'autres qui eſtoient vexeʒ de douleurs froides, torpitudes, et peſanteurs des iambes, d'obſtructions, d'opilations des hipocondres, tant du foye, que de la rate; qui des tumeurs, & douleurs d'eſtomac*

[1] Nous avons vainement cherché dans les bihothèques de Paris et de Montpellier, nous n'avons pu trouver tra-ces de sa réception de docteur.

3

prouenantes d'vne cauſe froide : autres des hemorragies, lienteries, diarrhees, playes, vlceres; & ſur la longueur de ces maux, i'ordonnoy les bains tant d' Aix en Sauoye, que de Baleruc, en Languedoc : mais ne ſachant leurs proprietez & qualitez, que par la couſtume, & vsage familier de ceux de ceſte Prouince, ie me reſolu d'y faire voyage pour en eſttre plus certain.

Dans cette citation Cabias fait adhésion formelle à l'humorisme. Sa façon de comprendre et de rapprocher des accidents morbides dissemblables et sans lien apparent n'eût pas été désavouée par les galénistes les plus con-

vaincus. Cet auteur est à la fois archéo-
logue, médecin, chimiste ; il est per-
suadé que les Romains ont connu les
eaux d'Aix et en ont tiré partie ; un
italien Andreas Bacius Elpidianus a
prétendu sans raisons suffisantes que
les Bains avaient été fondés par Charlemagne. Pour faire accepter sans
conteste de pareilles assertions, il
faudrait des preuves un peu plus
sérieuses que celles qui sont données.

Les eaux avaient perdu leur antique célébrité, par suite des épidé-
mies, des guerres épouvantables qui
marquèrent la fin du XVIe siècle ; elles
avaient été oubliées, presque aban-

données. La visite qu'y fit Henri IV n'eût pas suffi pour les remettre à l'honneur, sans l'intervention intelligente d'un médecin du voisinage.

Ces bains, dit Cabias, *ont esté mis en leur premier estat & vigueur par ce tant celebre et experimenté Medecin, monsieur de Villeneufue, qui par ses effets s'est acquis, dans le Dauphiné, une eternité de loüanges : car par son conseil, vne infinité de personnes du Lionnois, Forests, Viuarests, Sauoye, Dauphiné, & d'autres prouinces ayant esté en ces Bains, se sont retirez en fort bonne disposition.*

Lorsque je lus pour la première fois ce passage, je fus frappé par le nom de Villeneuve et je songeai aux deux médecins fameux qui l'ont porté : Arnaud et Michel de Villeneuve. Le premier vécut au moyen âge, à une époque antérieure aux événements qui avaient fait délaisser Aix ; ceux qui ont raconté les péripéties de sa vie, passablement agitée, n'ont jamais dit qu'il eût séjourné dans ce pays.

Michel de Villeneuve avait exercé la médecine à Vienne en Dauphiné, soixante-dix ans environ avant l'époque où Cabias écrivait ; mais il n'y a guère lieu de supposer que pendant le court séjour qu'il y fit, il se soit préoccupé de remettre les Bains d'Aix

en honneur. Michel de Villeneuve,
c'était Servet. Ce pauvre grand homme
avait un tempérament de savant, et
des instincts de mystique qui le per-
dirent. Il étudiait l'anatomie à Paris
et la savait d'une façon remarquable;
au lieu de s'y tenir, il ouvrit un cours
d'astrologie judiciaire qui le fit tra-
duire au Parlement. Il avait vu le premier, le véritable mouvement du sang
dans le poumon; au lieu de s'attacher
à cette découverte qui renversait la
vieille physiologie d'Hérophile et
d'Erasistrate à peine rajeunie par
Galien, il n'en parla qu'incidemment
dans son livre sur *les Erreurs tou-*

chant la Trinité. Car il avait abandonné la médecine pour la théologie, dont les controverses convenaient à son esprit porté aux subtilités scolastiques. La théologie le conduisit au bûcher.

Ce n'est ni d'Arnauld de Villeneuve ni de Servet que Cabias a parlé, mais d'un médecin dauphinois dont la réputation n'a pas survécu à l'époque où il vivait.

L'expérience prouve que les eaux d'Aix sont salutaires et la chimie l'explique. Une étude soigneuse du chapitre consacré à celle-ci montre comment, à cette époque, on raisonnait sur les sciences physiques. Les eaux renferment du soufre, du fer, du bitume, du salpêtre ; elles en renferment parce qu'elles doivent en renfermer, parce qu'elles ont le même aspect, la même odeur, les mêmes propriétés curatives que d'autres fontaines, dont tous les auteurs ont parlé et qui en renferment. *Comme auſſi la fontaine troglotyde en Æthiopie, qui blanchit tous les ſerpents qui noüent en icelle & les rend de cent coudees de longueur, s'ils y ſeiournent longtemps ; voire même, elle a un flux de trois sortes de ſaveur, l'un amer, l'autre ſalé, et le dernier entierement doux qui le fait être une des principales merveilles du monde.*

Nos eaux ont des propriétés natu-relles, c'est indiscutable, elles parti-cipent du feu par la chaleur, de l'eau par les exhalations humides, de la terre par la pesanteur, mais elles ont aussi des propriétés secrètes. Nous touchons au point délicat. Nier les propriétés secrètes des eaux miné-rales c'était heurter les idées admi-ses. Pour les expliquer, on était entraîné comme l'avait été Fernol vers les sciences occultes ; c'était dangereux pour qui n'était pas méde-cin d'un roi de France. Les magistrats avaient l'œil perçant et la main longue ; ils eussent vite découvert le crime d'hérésie ou de sorcellerie, vite fait saisir et juger le coupable. Cabias se tire avec une alacrité surprenante de ce pas difficile. Il n'énumère point les propriétés cachées des eaux mais se borne à laisser entendre qu'elles en ont. Et pourquoi n'en auraient-elles pas ? La rhubarbe en a bien puisqu'elle purge la bile et la pituite, humeurs essentiellement contraires. La chair et le venin de la vipère, du scorpion, de l'araignée qui sont de dangereux poisons ont pourtant, comme chacun le sait, d'énergiques propriétés médicamenteuses. Ce qu'on a de mieux à faire c'est de suivre à la lettre les conseils donnés par Oribase, Fernel, Alexandre le philosophe, c'est de constater les faits, d'en tirer parti et de ne pas chercher à l'expliquer. « *Occultæ rerum proprietates nulla ratione sunt investigandæ*, a dit Galien. » Telle doit être en ces matières la véritable règle de conduite du médecin sage.

En somme, le livre de Cabias est curieux au point de vue de l'archéologie et de l'histoire locale ; il est clair, bien divisé, écrit dans une langue qui n'est pas la nôtre encore et qui garde quelque chose de la saveur et de la grâce de celle du XVIᵉ siècle ; il est curieux parce que c'est un ouvrage de médecine semi-populaire et qu'il montre quelles notions étaient à cette époque répandues parmi les gens instruits.

Dʳ L. Brachet.

Si la réimpression de l'ouvrage si rare et si intéressant de Cabias appelait très certainement une préface dont nos lecteurs ont apprécié tout le mérite et qui est due à la plume élégante et autorisée du docteur Brachet, de même, cette publication demandait-elle (pour être complète), un article bibliographique donnant la nomenclature des ouvrages qui avaient été publiés avant lui, sur les eaux d'Aix-les-Bains et de ceux qui l'ont été depuis. M. Barbier un des auteurs de la Grande Bibliographie Savoisienne, *en cours d'impression, a bien voulu se charger de la rédaction de cette partie de notre travail.*

(Note de l'Éditeur)

BIBLIOGRAPHIE

Baccio (Andrea). — *De Thermis Androœ Baccii Elpidiani medici...* Libri septem : Venitiis, apud Vincentium Valgrisium, 1571.

Béatrice (Her Royal Highness Princess) *Pictures from Aix-les-Bains. With notes by the Editor. Fives illustrations.* Good Words. January 1884.

Berthet (le docteur J.) de Besançon. — *Aix-les-Bains, ses Thermes. Traité complet, descriptif et thérapeutique des Eaux minérales sulfureuses alcalines iodo-bromurées d'Aix en Savoie.* Chambéry, Puthod, 1862; un in 8°.

Bertier (le docteur Louis). — *Observations médicales sur les Eaux d'Aix.* Chambéry, Puthod, 1831; un in-8°.

— *Remarques sur l'action des Eaux d'Aix, dans la phtisie pulmonaire.* Chambéry, Puthod, 1853; un in-8°.

— *Les Eaux d'Aix en Savoie,* en 1856. Chambéry, Puthod, 1856 ; un in-8°

— *Aix-les-Bains. Sa spécialité.* Paris, imp. générale Lahure, 1890 ; un in-8°.

Bertier (le docteur Francis). — *Des Eaux minérales de la Savoie.* Paris, Parent, 1873 ; un in-4°.

— *The Spas of Aix-les-Bains and Marlioz. Savoy*. Londres, Churchill, 1877 ; un petit in-8°, avec vue lithographiée.

— *Simple note sur le Traitement du rhumatisme articulaire chronique (arthrite difformante) par les Eaux d'Aix.* Extrait des Annales de la Société d'hydrologie de Paris, tome XXII, 6ᵉ livraison. Aix-les-Bains, Gérente, 1877 ; un in-8°.

> Cette note de 16 pages, dit le docteur Guilland, fait surtout appel à l'autorité du docteur GARROD à la pratique duquel il emprunte de remarquables exemples d'efficacité des Eaux d'Aix, notamment celui mentionné à la page 13, extrait de la *troisième* édition du *Traité magistral* de Garrod (*Psoriasis goutteux*, traité à Aix par le docteur Guilland père.)

BLANC (le docteur Louis-Marie). — *Rapport sur les Eaux thermales d'Aix*, en 1855 ; suivi de considérations pratiques sur leurs propriétés médicales. Paris, Didot, 1856 ; un in-8°.

BLANC (le docteur Léon). — *Rapport sur les Eaux thermales d'Aix en Savoie, pendant l'année 1880*. Paris, A. Delahaye et E. Lecrosnier, 1881 ; un in-8°, avec un plan de l'établissement.

— *Des affections cardiaques d'origine rhumatismale, traitées aux Eaux d'Aix-les-Bains (Savoie)*. Aix-les-Bains, Gérente, 1886 ; un petit in-8°, avec diagrammes.

— Le même traduit en anglais. Londres, Churchill, 1887 ; un petit in-8°.

— *De l'action des Eaux d'Aix-les-Bains, Marlioz et Challes, dans le traitement de la syphilis*. Aix-les-Bains, Gérente, 1887 ; un in-8°.

BONJEAN (Joseph). — *Analyse chimique des Eaux d'Aix en Savoie*, pour servir de guide dans l'analyse des eaux sulfureuses en général, et précédée d'une description historique de tout ce qui se rapporte à cet établissement thermal pour l'agrément, la commodité des baigneurs. Chambéry, Puthod, 1838 ; un in-8°.

— *Sur la présence de l'iode dans les Eaux d'Aix en Savoie.* Lyon, Deleuze, 1841 ; un in-8°.

— *Aix et Marlioz et leurs nouveaux établissements. Guide de l'étranger aux Eaux d'Aix en Savoie, Chambéry et leurs environs,* avec une notice sur les eaux de Challes, de Coise et de St Simon. Chambéry, imp. Nat., 1862 ; un in-8°, carte, 2 gravures.

BOYER. — *Della bontà dei bagni di Aix-in-Savoja.* Nice, 1650.

BRACHET (le docteur Léon). — *Le Tétanos*

traité aux *Eaux d'Aix*. Chambéry, Puthod, 1870 ; un in-8° de 14 pages.

— *Aperçu clinique sur les Eaux d'Aix et de Marlioz et sur leurs adjuvants, Challes, Saint-Simon, petit lait, courants continus*. Paris, J.-B. Baillière et fils, 1875 ; un in-8°.

— *Aix-les-Bains (in Savoy). The medical treatment and general indications*. Henry Renshaw, London, 1884 ; un in-8° de 174 pages, planches et gravures.

-- Le même. Nouvelle édition. Henry Renshaw, London, 1891 ; un in-8° de 125 pages, planches et gravures.

CABIAS (Sieur Jean-Baptiste de). — *Les vertus merveilleuses des Bains d'Aix en Savoie*. Lyon, Jacques Roussin, 1623 ; un petit in-8° de 208 p., chiff. et 8 non chiff., contenant la table, les corrections, les permissions et privilèges. Très rare.

On trouve à la page 7 un sonnet au prince Thomas de Savoie ; à la page 8 des vers latins Ad auctorem, signés Henricus A. S. Andræa, et à la page 10, d'autres vers latins signés C. P. M.

— Le même. Seconde édition revue et corrigée. Lyon, Benoît Vignieu, 1688 ; un in-12 de 207 pages, précédées de 8 pages non chiffrées.

Cette édition se trouve à la Bibliothèque d'Aix-les-Bains et à celle de Chambéry ; le docteur Guilland dit qu'elle est presque aussi rare que celle de 1623.

— Le même. Troisième édition. Annessy, Humbert Fontaine, 1702 ; un in-12 de 157 pages, suivies de trois pièces avec une pagination différente de 8 pages : *Situation en laquelle on prend le repos et le sommeil dans le lit ; Des douleurs de dents, etc, etc. ;* et *Avis salutaires.*

Cazalis (le docteur Henri). — *Aix en*

Savoie, Marlioz, Challes et Saint-Simon. Étude médicale. Paris, G. Masson, 1882 ; un in-8°.

Costanzo (le docteur). Médecin régimentaire à Chambéry. Détaché à Aix en 1851 et 1852 pour la direction des militaires traités à l'hospice thermal.
Sulla terme di Aix in Savoja, e sui loro effetti osservati nei militari durante la stazione balnearia del anno 1851 ; Extrait de : *Giornale di medicina militare, Torino, 1851.* (N° 23, 24 et 25).

— *A M. le Directeur des Eaux de Marlioz,* lettre du 31 mai 1852. Chambéry, 2 pages in-8°.

— *Relazione delle malattie curate nei militari ammessi ai bagni d'Aix, in Giornale di medicina militare di Torino,* 1852, numéros 16 à 22. (Dr Guilland.)

Daquin (le docteur Joseph). — *Analyse des Eaux thermales d'Aix*. Chambéry, Gorin, 1773; un in-8° de xi-180 p.

— Le même. 2ᵉ édition. Chambéry, imp, Cléaz, 1808; un in-8° de 309 pages et viii-lxvii.

La 2ᵉ édition a pour titre : *Des Eaux thermales d'Aix.* Elle est dédiée *aux malades* ; l'auteur y fait bon marché, dit le Dʳ Guilland, de la partie chimique de la première, mais il ajoute que le traité de Daquin est l'un des plus sérieusement pratiques qui aient paru sur la thérapeutique thermale d'Aix.

Dardel (le docteur Amédée). — *Mélanges cliniques*. 1ᵉʳ fascicule. Chambéry, Pouchet, 1864; un in-8°;
2ᵉ fascicule, Chambéry, Pouchet, 1869: un in-8°.

Davat (le docteur Adolphe). — *Hygiène de la ville thermale d'Aix*. Chambéry, Bottero, 1862; un in-8°.

— *Compte-rendu des Eaux d'Aix pendant*

l'année 1854. Paris, Firmin-Didot, 1855 ; un in-8°.

DESPINE (le docteur C.-H.-A.). — *Essai sur la topographie médicale d'Aix et sur ses Eaux minérales.* Montpellier, Izar et Ricard, 1802 ; un in-4°.

— *Observations de médecine pratique faites aux Bains d'Aix.* Annecy, Burdet, 1838 ; un in-8°.

DESPINE (le docteur Constant). — *Osservazioni pratiche del Dr Despine di Aix in Savoja.* 1833 ; un in-8°.

— *Manuel topographique et médical de l'étranger aux Eaux d'Aix.* Annecy, Burdet, 1834 ; un in-12.

— *The Baths of Aix in Savoy. Observations on the mineral waters of Aix,* by the baron Despine, m.-d., physician of this royal Bathing establishment. Genève, F.-A. Bormant, 1850; un in-8°.

— *L'Été à Aix en Savoie.* Paris, Dennin et Fontaine, 1850; un in-8°, avec dessins de Raffines Petit.

La partie non médicale est signée Audiffred.

FANTONI (Joannis) medici Regis et in Academia Taurinensi professoris emeriti. *Opuscula medica et physiologica.* Geneva, Pellissari, 1738 : un in-4° de 323 pages et une planche gravée.

Le chapitre VIII de ce livre (pages 113 à 260) est intitulé : *De Aquis Gratianis Libellus.* Le docteur Guilland croit qu'il a été tiré à part en 1745 à Turin. Au point de vue de la critique bibliographique de ses prédécesseurs, Fantoni dit que A. Bacido est riche mais qu'il a admis certaines erreurs.

Pour Cabias, il le désigne ainsi : « valdé bono homine, minime que litteris exculo. »

Fantoni visita Aix vers 1718, s'en entretint avec Grossy et se fit apporter, à Turin des échantillons de ses Eaux et de leurs dépôts. Il décrit les bains, les fontaines, insiste sur la nature éminemment volatile de leurs principes sulfureux, et passe à des considérations chimiques qui ont perdu de leur valeur. Il constate le peu

6

de différence des deux sources et l'absence de l'alun dans celle de ce nom. Son chapitre xx est intitulé : *An arthriticis utiles ? — An in morbo venereo ?*

(Note du Docteur Guilland.)

FERRERO PONSIGLIONE L. — *Observations upon the town of Aix in Savoy and the springs of warm water there, translated from French into English, to which is added, an account of some astonishing cures in diseases, especially the gout.* Gênes, 1825.

FORESTIER (le docteur Auguste). — *Le Conseiller du Baigneur, ou Études pratiques sur les vertus des Eaux d'Aix.* Chambéry, imp. du Gouvernement, 1857 ; un in-8°.

FORESTIER (le docteur Henri). — *Nécessité de doter l'Etablissement thermal d'Aix-les-Bains d'un budget spécial.* Chambéry, imp. Nouvelle, 1890 ; un grand in-8°.

Frénoy (le docteur). — *Action physiologique des Eaux d'Aix*. Aix-les-Bains, Gérente, 1878 ; un petit in-8°.

Francœur (L.). — *Notice sur la ville d'Aix en Savoie et sur ses Eaux thermales*. Chambéry, Bottero, 1826 ; un in-8° de 24 pages et plan lithographique des Bains.

— *Sur la présence de l'acide sulfurique libre dans les vapeurs des Eaux d'Aix*, Voir *Annales des Mines* 2ᵉ série, vol. v, page 284 et *Journal de pharmacie*, 1828, vol. xiv, pages 340-348.

Gaillard (le docteur César). — *Note clinique sur l'action des Eaux d'Aix dans le traitement des phlegmasies chroniques des articulations, suivie de l'exposition d'un cas remarquable de gangrène multiple*. Chambéry, Puthod, 1855 ; un in-8° de 32 pages.

— Recherches cliniques sur l'action des Eaux d'Aix dans le traitement des paralysies. Aix-les-Bains, Bachet, imprimeur, 1861 ; un in-8° de 32 pages.

GARCIN, — *Lettres à la Société de médecine de Londres, sur l'usage des Eaux d'Aix en Savoie, pour guérir les rhumatismes. 1720.*

Le docteur Guilland dit que l'antoni écrit que ce célèbre médecin *neocomensis*, de la Société royale de médecine anglaise a inséré dans le *Mercure Helvétique*, deux lettres ou dissertations sur les Eaux d'Aix-les-Bains.

GARROD (Sir Alfred B.). — *Aix-les-Bains, observations in clinical medicine* (Reprinted from *the Lancet*, May 4, 1889). Aix-les-Bains, Gérente, 1890 ; un in-8°.

GUILLAND (le docteur Louis). — *Compte-rendu des Eaux d'Aix pour 1858.* Aix, Bachet, 1859; un in-8°.

— *De l'efficacité des Eaux minérales con-tre la syphilis*. Lyon, Vingtrinier; un in-8°.

— *Compte-rendu médical des Ambulances fixes de Savoie, 1870-1871. Des Eaux thermales chez les Blessés*. Société médicale de Chambéry, 1873.

LEGRAND (le docteur Maximin). — *Obser-vations de Blessés traités aux Eaux d'Aix. Savoie thermale 1871*, n°s 5, 7 et 10.

MACÉ (le docteur Antonin.) — *Médical Guide, to the Marlioz waters near Aix, Remark on the Hydrological treatment to the indigent*, translated by John P. Léonard. Paris, impr. Parisienne, S. D.; un grand in-12.

MONARD (le docteur Jean). — *Quelques consi-*

dérations sur l'action physiologique des Eaux d'Aix-les-Bains. Déductions pratiques. Lyon, Association typographique, 1887; un in-8°.

— *Les malades qui guérissent aux Eaux d'Aix-les-Bains et comment ils guérissent.* Paris, A. Maloine, 1889; un in-8°.

PACOTTE (le docteur), médecin à Aix. — *Observations de crises épileptiques se liant à une névrite rhumatismale.* (Communication faite à la Société médicale de Chambéry, le 23 décembre 1873.)

— *Guérison par les Eaux d'Aix.* Société médicale, 1874.

PANTHOT (Maistre Jean), docteur-médecin de l'Université de Montpellier, conseiller et médecin ordinaire du Roi, doyen du collège de médecine de Lyon.

Brièves dissertations sur l'usage des bains chauds, et principalement des Eaux d'Aix en Savoie. Lyon, Jacques Guerrier, 1700; un in-4°.

Pétrequin (le docteur J.-E.). — *Recherches sur l'action des Eaux minérales d'Aix en Savoie, dans les maladies des yeux.* Chambéry, Puthod, 1837; un in-8° de 36 pages.

Rendall (le docteur M. Stanley). — *The waters and Baths of Aix-les-Bains. The Therapeutic action and application.* Edinburgh, E. et S. Livingstone, 1887; un petit in-8°.

Rutland *(Duchess Janetta of).* — *Glimpses of Aix-les-Bains, Geneva, Wiesbaden, and Darmstadt. The Queen, the lady's news paper and court chronicle. 6 December 1890.*

Socquet. — *Analyse des Eaux thermales d'Aix en Savoie.* Chambéry, Cléaz, 1803 ; un in-8°.

Veyrat (le docteur Auguste-Emile). — *Compte-rendu de la saison des Eaux thermales d'Aix en 1856.* Chambéry, impr. Nationale, 1857; un in-8°.

Vidal (le docteur François). — *Essai sur les Eaux minérales d'Aix, dans le traitement des maladies chroniques et particulièrement du rhumatisme chronique.* Chambéry, Puthod, 1851 ; 137 pages, in-8°.

— *Notice historique et médicale sur l'Hospice d'Aix.* Chambéry, Puthod, 1855; un in-8° de 57 pages.

— *Emploi des Eaux minérales sulfureuses d'Aix, comme moyen curatif et dia-*

gnostic des accidents consécutifs de la syphilis. Chambéry, Puthod, un in-8° de 33 pages.

— *Compte-rendu des Eaux d'Aix en 1859.* Bachet, Aix, mai 1860 ; un grand in-8° de 64 pages.

— *Suite d'études sur les Eaux d'Aix, Rhumatisme.* Paris, impr. Martinet, 1864 ; un in-8° de 32 pages.

— *Des Eaux d'Aix comme pierre de touche dans les maladies chroniques.* Paris, Martinet, 1867 ; un in-8° de 55 pages.

— *Action des Eaux d'Aix sur la caloricité et la circulation. Rapport au ministre.* Bourg, P. Barbier, 1878 ; un grand in-8° de 79 pages.

— *Contribution à l'étude de l'arthrite. Du traitement thermal de l'arthritis à*

7

l'hospice d'Aix. Bourg, impr. Anthier, 1880.

— *Aix-les-Bains en 1867, Histoire médicale et administrative des Thermes. Mode d'emploi des Eaux.* Chambéry, Bonne, Conte-Grand et Cie, 1867; un in-12.

— *Du degré de thermalité des Eaux d'Aix dans le traitement de la goutte. Suite d'Etudes sur l'Arthritis.* Chambéry, Chatelain, 1886; un in-8°.

WAKEFIELD (le docteur W.). — *The Baths, Bathing and attractions of Aix-les-Bains, Savoy.* London, Sampson-Low, Marston, Searle et Rivington, 1886; un petit in-8°.

La plupart des médecins d'Aix-les-Bains ont souvent donné aussi, à différents journaux ou revues de médecine, des articles intéressants touchant les Eaux d'Aix, les maladies qu'on y traite, les applications utiles qu'on peut en faire.

Le docteur Guilland dans sa Bibliographie aixienne en a dressé une nomenclature fort complète que le défaut de place nous empêche de reproduire ici.

Parmi les publications plus récentes qui ne figurent pas dans le recueil ci-dessus indiqué, que nous connaissons, nous pouvons citer :

Recherches urologiques sur l'action de la douche-massage d'Aix-les-Bains dans le traitement hygiénique du Diabète sucré (in archives générales d'hydrologie, mai 1890). Dr H. FORESTIER.

Essai d'Urologie clinique sur l'action de la douche-massage dans le traitement de la goutte articulaire chronique, (même recueil avril 1890). Dr H. FORESTIER.

Polynevrite motrice des membres d'origine mercurielle, (in medecine moderne, 21 mai 1890), Dr H. FORESTIER.

*On the physiological action of the sulphur
douche-massage of Aix-les-Bains in
the treatment of articular gout* (in
medical Press and circular, London
8 avril 1891). Dr H. FORESTIER.

*On rheumatoid atrhritis and its treatment
at Aix-les-Bains* (London 1885). D^r
L. BRACHET.

V. BARBIER.

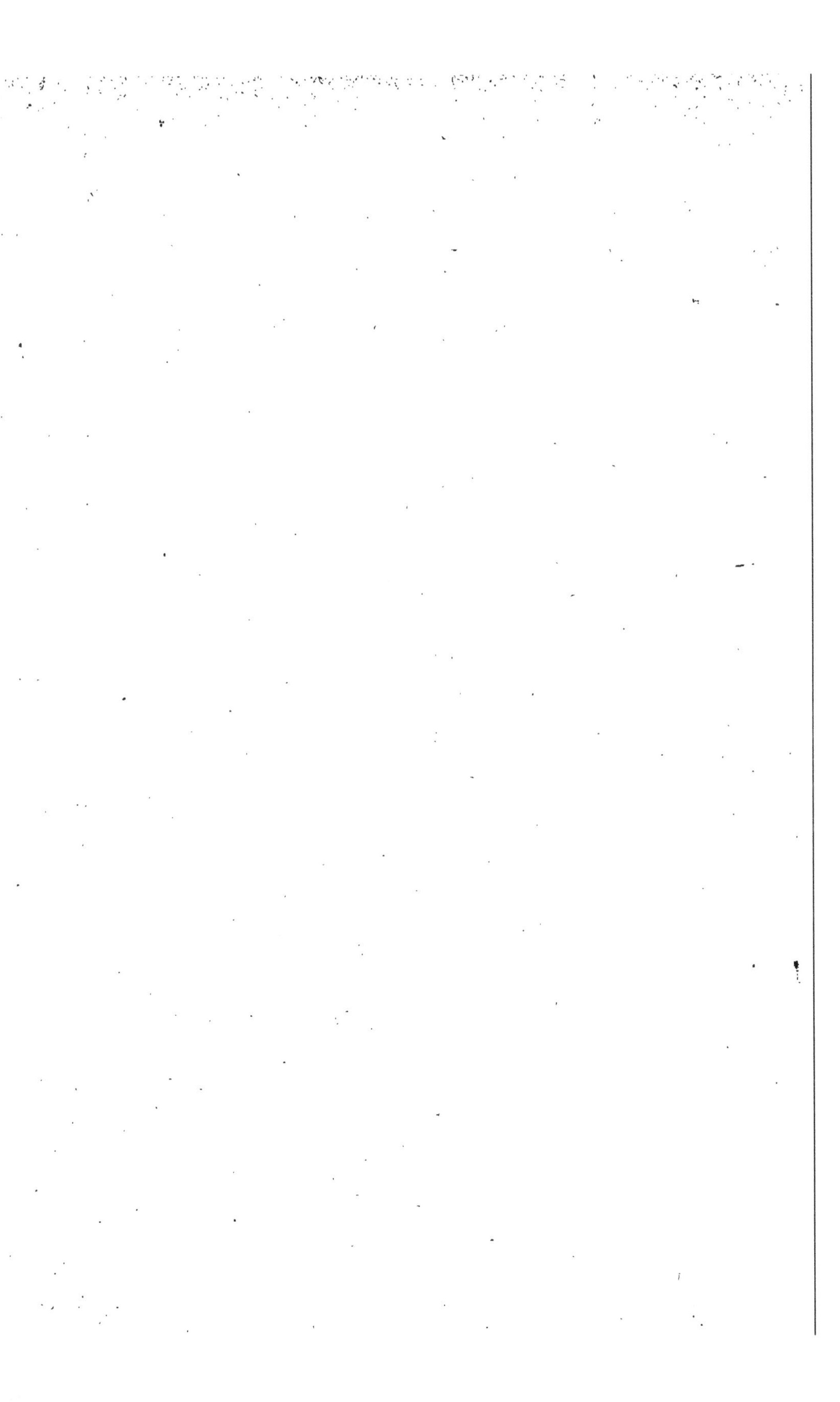

LES MERVEILLES DES BAINS D'AIX EN SAVOYE:

Dediees à Monſeigneur le Sereniſſime
Prince Thomas de Sauoye:

Par le Sʳ Iᴇᴀɴ Bᴀᴘᴛɪsᴛᴇ ᴅᴇ Cᴀʙɪᴀs.
Docteur en Medecine, Natif du Pont
S. Eſprit, en Languedoc.

A LYON,
Par Iᴀᴄǫᴠᴇs Rᴏᴠssɪɴ.

M. DC. XXIII.
Auec priuilege du Roy.

A MONSEIGNEVR,
MONSEIGNEVR
LE SERENISSIME
PRINCE THOMAS
DE SAVOYE.

ONSEIGNEUR,

Les Egyptiens
tenoyent en leurs
ſacreʒ & ſecrets
myſteres, que de
l'encens qui eſtoit offert à leurs Dieux, il
n'en entroit dans le ciel qv'une partie la

plus efpurée, fur laquelle repofoyent &
les vœux & l'efprit du facrifice; & que
les autres plus terreftres eftoyent reiettees
pour eftres le facrifice des tenebres. En ce
dernier partage ie me figuroy, non fans
raifon, de voir l'image de ma difgrace,
ne pouuant, ce me fembloit, efperer finon
que l'oubly, l'obfcurité & le miefpris fuffent
la ruyne entiere de ma fortune & de cefte
mienne entreprinfe que ie prefente aux
pieds d'vn prince fi parfait & fi rempli
de vrays & excellents merites. Mais deux
chofes ont vn peu flatté mon efperance
de mieux : l'vne que ie ne pouuoy me
difpenfer d'offrir à V. A. quoy que temerairement, ce qui de droiɧ eftoit des-jà
voftre, eftant né chez vous & dans vos
terres, vû vne franche curiofité m'auoit

par cy-deuant porté, pour y contempler
les merueilles des eaux que la Nature y a
faiἓt abondamment ſortir, auec autant de
bonheur pour le bien & ſanté des hommes,
qu'on ſçauroit deſirer, enrichiſſant aduan-
tageuſement ce pays de pluſieurs raretez
recommandables, qu'elle a eſpargné aux
autres. L'autre a eſté ceſte admirable &
incomparable douceur, qui ſe deployant
ſur ceux qui ne ſont point dignes de ſon
aſpeἓt, ne dedaigne point leur rencontre &
leur entretien. Toutesfois ce n'eſt pas icy
que ie pretens loüer ceſte digne & toute
Royale vertu, entre pluſieurs autres qui
font le train de voſtre Cour : car ie crain-
droy qu'vne ſi foible loüange venant de
ma part, ne fuſt pluſtoſt vn reproche iniu-
rieux, qu'vn teſmoignage du deuoir de ma

fidele & deuotieuse seruitude, qui me
presse maintenant à faire mille vœux,
Que vous viuiez aussi heureux & content,
comme ie suis & seray inuiolablement,

MONSEIGNEVR,

De voſtre Alteſſe

Le tres-humble, tres-obeyſſant,
& tres-fidele feruiteur,
DE CABIAS.

A MONSEIGNEVR LE

SERENISSIME PRINCE

THOMAS DE SAVOYE,

Sonnet.

Iᴇɴ plus haut, rien plus bas que le Roy
  des planettes;
  Rien de plus efclatant, rien de plus
    tenebreux :
  Il baiffe fa grandeur dans les antres
    plus creux,
Lors mefme que fi fier il roule fur nos teftes.

Il ne peut eftre veu des paupieres plus nettes,
  Il ne peut n'eftre veu; rend efperdus les yeux
  De l'efclat de fes feux; obfcur, & radieux,
  L'effay du braue Aiglon, la honte des choüettes.

Monfeigneur, vos grãdeurs ne dedaignent perfonne,
  L'efclat de vos vertus eftourdit, & eftonne
  Les yeux trop curieux, dans ceux des enuieux.

Vous faites trop de iour, ô aftre! dont la gloire
  En fon bel afcendant, efclaire la memoire,
  Dans les fiecles paffez, de tous fes Grands Ayeulx.

8

AD AVCTOREM

Carmen.

GNIS vt abscondi ne quit, in tenebrisq̃,
    teneri
Occultus, latè splendor quin emicet inde,
Atque iubar partes de se diffundat in
    omnes :
Nec doctrina latere potest generosaq̃, virtus.
Sint quibus excolant animos natalium origo,
Fortunæq̃ faces, vel opum numerosus aceruus :
Effer munitum benè Pallados ægide pectus,
Artis Apollineæq̃, opibus ; deprome beatos
Ingeny fœtus, vena locuplete reponens,
Naturamq̃ Ducem colito, sic viuida tollet
Gloria te genio semper comitata perenni.

Pangebat HENRICVS A

S. ANDRÆA.

STANCES,

A L'AVTHEVR.

On esprit crayonant au vif de la Nature
   Les effets merueilleux, va releuant l'hon-
   neur
   De Dieu, & allumant le défir dans le
   cœur.
Des hõmes pour courir de leurs maux à la cure.

C'eſt icy qu'à l'effort d'vn ſçauant artifice
   Tu eſtales au iour les beaux effets des eaux,
   Les riches qualitez de pluſieurs mineraux,
   Appellant à l'enuy tes riuaux à la lice.

Ta docte experience, & ſçauoir, font les aiſles
   Qui te portẽt bien haut au triõphe d'vn bruit,
   Et d'vn los eternel, qui ja ne craint la nuict
   D'vn oubly, annonçãt de ſi grandes merueilles.

Heureux donc pour iamais: car le temps & l'enuie
   Ni par force contraints, ni ſaucés par appas,
   Ne conduiront le los de ton œuure au treſpas,
   Mais viuront à iamais en plus heureuſe vie.

AD LIBELLVM

ENDECASYLLABI.

I, nunc atria Principum superba,
Tristes pauperis infima tabernas,
Liber candide, non tenaciores
Morsus inuidiæ potes timere.
En spiras adeo vagos lepores
Vt cultu nequeas venustiore
Thesaurum Medices secretioris
In florum tenero sinu reserre.
Quòd si quis sciolus rosis latere
Duri cespitis immaturiora
Iactet munera, quò magis retundet:
Exulta, paries beatoria.
,, Ardet fulgidiùs probata virtus.

C. P. M.

Sulphureos ignes calidam scrutatur & vndam
   Iste liber, medicas sertq́ legendus opes.

PREMIER LIVRE
DES · MERVEILLES
DES BAINS D'AIX
EN SAVOYE.

CHAPITRE I.

Rois chofes doiuēt fatisfaire & contenter vn homme, à fçauoir la prudente, & limitee curiofité; la fcience; & l'affeuree expérience de ce à quoy il eft employé. De vouloir comprendre & contempler les Merueilles du ciel auec des

Idees d'vn efprit par trop foible : demander d'où vient & procede qu'vne feule fois l'annee le Nil deborde en Egypte, pour la fertilité d'icelle : que l'Occean rapporte vn flux & reflux : que l'Ambre emmeine à foi la paille, l'Aymant le fer ; & que l'on voye en certaines parties, Prouinces, & Royaumes du mõde des fontaines & bains les vns fulfurez, bitumineux, nitreux, chauds au poffible : les autres alumineux & vitriolins, qui rendent des effets de leurs proprietez auffi prodigieux, qu'ils font dignes d'eftre pluftoft admirez, que d'en tirer l'origine par vne temeraire pre-fomption de l'Autheur qui les a compofez. Seroit-il pas (comme l'on dit) mordre la Lune avec les dẽts, vifer à tout ce qui nous eft incognu, & defirer fcauoir tout ce qui eft en Dieu, qui eft Dieu mefme ? Suffit donc de cognoiftre par les effets, ce qui nous eſt denié par les causes, qui nous ſont incognuës. Auſſi les Philoſophes diſent: que pluſieurs choſes ne peuuết eſtre cognuës des hommes par vne cognoiſſance prieure de leurs cauſes, comme celles que i'ay ſus alleguees: mais que ſeulement l'on ſe doit cõtenter de l'aſſeuree & poſterieure cognoiſſãce qu'on a par leurs effets. De dire pourquoy Dieu a donné à la Sauoye pluſtoſt qu'à vne autre Prouince, & à vn petit lieu du nom d'Aix, (ainſi nommé pour des eaux admirables qui en ſortent,) des raretez ſi eſtranges, & des merueilles ſi grandes, que l'admiration n'en eſt donnee qu'à ceux qui vſant de leurs qualitez, eſtants attaints & remplis de pluſieurs maladies, s'en retournět (comme ceux qui ancienement alloyent à la piſcine probatique) iouyſſants d'vne bonne & heureuſe ſanté, ſeroit-il pas châter vne meſme chanſon,

battre l'eau auec vn baſton, & ſe caſſer la
teſte contre la pierre? Il eſt vray, & pleuſt
à Dieu que nous fuſſions autant capables
de recognoiſtre la portee de nos eſprits,
comme nous cognoiſſons les merueilles de
la Nature, nous ne ferions iamais reduits
à l'impoſſible par la contemplation des effets
d'icelle, ainſi que nous ſommes en recher-
chãt ſon principe: ſi bien que s'il m'eſt
permis d'eſtre curieux, ce ſera de mon ſeul
ſubieċt: & pour eſtre ſçauant en mon art,
de la ſeule experience de ce que i'ay veu.

Vovs ſçaurez donc, qu'apres auoir
exercé la Medecine pluſieurs annees dans
le Dauphiné, à Vienne, & ſainċt Marcel-
lin, villes remplies de rares & ſçauants
hommes, & où les Sieges des Vibailliſs
ſont en grand honneur & reuerence, ie
viſitoy pluſieurs malades, les vns paralitiques de quelques parties de leurs corps;

les autres fubieƈts à des fciatiques, coliques nefretiques, & venteufes, douleurs
de iointures par debordement de rheume
acre & mordicant: d'autres qui eftoiẽt vexez
de douleurs froides, torpitudes, & pefan-
teurs des iambes, d'obftruƈtions, d'opilations des hipocondres, tant du foye,
que de la rate; qui des tumeurs, & douleurs d'eftomac prouenantes d'vne caufe
froide: autres des hemorragies, lienteries,
diarrhees, playes, vlceres ; & fur la longueur de ces maux, i'ordonnoy les bains
tant d'Aix en Sauoye, que de Baleruc, en
Languedoc: mais ne fachant leurs proprietez & qualitez, que par la couftume, &
vfage familier de ceux de cefte Prouince,
ie me refolu d'y faire voyage pour en eftre
plus certain, & ay feiourné continuellement en celuy d'Aix depuis le mois de
Iuin, iufques en Oƈtobre de cefte annee:

9

fi bien que ce feroit auoir pouffé le tẽps auec les efpaules, & vefcu trop pareffeufement, fi ie n'auoy fait tant & plus de fingulieres remarques des effeɕts prodigieux de leurs vertus & rares proprietez; & par trop ingrat, fi ie n'en fayfoy part au public: tant pour la confolation de ceux qui s'en font biẽ trouuez, que pour inuiter & confeiller ceux qui font attaints de maladies croniques, à les vifiter: affeurant que fi l'on doit rechercher le temple d'Efculape pour y receuoir la fanté, l'on ne fçauroit ailleurs le mieux trouuer, qu'és eaux & Bains naturels, aufquels l'Autheur de la nature a eflargi toutes fortes de benediɕtions, pour diffiper les malheurs & accidens malins de nos corps.

Defcription du lieu.

CHAP. II.

E commenceray par la defcrip-
tion tãt du lieu que de l'air, &
la diductiõ des nõs, & proprietez
des eaux, defquelles nous nous fommes
feruis.

LA ville d'Aix en fa fituation eft pofee
fur une petite colline, laquelle par des
defcentes tombe dans vne petite plaine de
la longueur & largeur d'vne demy lieuë,
ayant l'vne des belles & agreables perf-
pectiues du monde. Elle fe rend au lac
du Borget, fort abondant en poiffons, &
particulierement d'vne efpece nommee
Lauarets, tres-bons & falubres, veritablement particuliers en ce lieu, ne s'en voyant
autre part du monde que là. Elle a du

foir pour limite & borne, le mont du Chat, montagne, par laquelle ceux de Lyon viennent aux Bains; de la bife, le mont Crufuel, qui eft fort fertile en bleds, vins, & bois, & a les grãds chemins de Geneue, Rumilli & Anecy: Du vent, vn petit village du nom de Viuier, qui anciennement eftoit appellé *Viuraria Romanorum,* où l'on void de fort belles antiquitez: & cefte tant ancienne & celebre ville de Chambery, feiour à prefent d'vn des inuincibles & fereniffimes Princes du monde, Mõfeigneur le Prince Thomas; & d'vn trefaugufte & trefcelebre Senat, qu'on peut nõmer le vray temple de Themis. Du matin eft le mont Riual, qui produit des arbres de haute fuftaye, & duquel fortent les eaux des Bains, ainfi que i'ay remarqué: car on y void plufieurs trous & puits fort cauerneux, & profonds, qu'on nomme les Puits d'Enfer, tant pour leurs profonditez, que pour les exhalatiõs fulphurees qu'ils rendent matin & foir, finiffants leurs cours foufterrains tout contre les murailles d'Aix, paffants par des lieux concaues et cauerneux, & diftillants ordinairement ainfi que des rares & fort abondantes fontaines, qui ne tariffent iamais, ny hyuer, ny efté; &, qui eft plus admirable, gardant toufiour la chaleur qu'elles prênent de leurs mineraux, fouuent augmentee tant par l'ardeur du Soleil, que pour eftre combattuë de l'extreme froideur en hiüer.

Ce n'eft rien encores : car fi en tout œuure il eft neceffaire d'vfer de certaines proportions confecutiues, à fçauoir du principe au milieu, d'iceluy à la fin, ainfi que nous voyons tres-bien obferué par les Architectes, qui commencent leurs œuures par la folidité d'un bon fondement, apres viennent aux eftages, & pour la fin ont la couuerture de leurs entreprinfes : ainfi ayant faict veoir le principe de ma defcription le plus fuccint & Laconique que i'ay peu, il faut que ie parle maintenant des lieux où les eaux & Bains ont éfté fabriquez, & dire par qui.

Quels ont esté les Inuenteurs & vrays Autheurs des Bains d'Aix en Sauoye.

Chap. III.

'On n'a iamais peu sçauoir, depuis la generale combustion de la ville d'Aix, qui fust l'an deux cents trente, le nom de l'Autheur de ces Bains; si est-il tres-veritable que les Romains en ont esté les vrays Inuenteurs & Maistres, ainsi qu'on lit dans la vie de Iules Cesar; où il est dit: Que luy passant les monts Transalpins, venant aux Allobroges, y furent côstruits des Bains fameux & reputez fort medecinaux. Or en tout le pays des Allobroges, il ne s'en void auçũs qui foyent bastis à la mode antique, que ceux d'Aix par côséquent les Romains

en font les vrais Autheurs. Et pour
confirmer mon dire, l'on remarque dans
le beau & ancien chafteau de la ville, qui
appartient à mõfieur le Marquis d'Aix,
lequel embelit par fes merites cefte tant
illuftre maifon de la Chambre, de laquelle
il eft defcendu : l'on void, dy-ie, certains
arcs triomphaux, aufquels on lit: *Publius
Campanus Romanorum Dux :* & à quartier
du chafteau il y-a certaines grottes & tem-
ples, où ils tenoyent leurs Idoles ; enfemble
vne grande tour baftie à la façon des arenes
de Nifmes: & entre auftres chofes l'on
remarque dans la vallee de la Fin, lieu proche d'Aix, & où fuft donnee la plus fan-
glante bataille entre les Romains, & les
Allobroges, qui fe foit oncques donnee: &
sur la couuerture d'vn tõbeau, *L. Opimius
Conful.* I'eftime que les Romains ayant faict
plufieurs fois la guerre aux Allobroges, tant

par Domitius Proconful & Sergius Galba, Lieutenant de Iules Cefar, que par Caius Sextius, par lefquels ils furent defaits, & entierement ruïnez, comme l'on collige de l'infcription d'vne colomne, qui dit: *Jmper. Cæfar. Diui fil. Aug. auspiciis, gentes omnes Alpinæ, quæ à mari fupero pertinebant, fub imperium populi Romani funt redactæ.* L'vn d'iceux demeura en Prouence, & fit conftruire les Bains & la ville d'Aix, et la tiltra du nom d'*Aquæ Sextiæ.* Domitius de mefme, ayant paffé les monts Tranfalpins, fit faire en cefte prouince de Sauoye des Bains, qu'on nomme *Aquæ Allobrogum :* Bains qui anciennement ont efté en telle eftime, que mefme le docte Bremius, Profeffeur dans l'Vniuerfité de Paris, efcriuant à Meffire Claude de Seiffel, Euefque de Marfeille, & depuis Archeuefque de Turin, rapporte

10

beaucoup de loüanges de leurs proprietez, ainſi que vous verrez en l'epigramme ſuy-uant:

Prouida cùm noſſet ſucceſſu temporis olim
Natura humanum poſſe perire genus,
Productura dies Medicinæ contulit artem,
Quaſdam & aquas vides, iuſſit habere pares.
Dicere vix poſſum quot aquæ tribuêre ſalutem,
Inq́ dies ægris commoda cuncta ferant:
Aſt Allobrogicas conſtat magis eſſe ſalubres,
Quas ſimul è toto languidus orbe petit.
Quàm meliora parant nobis hæc ſæcla petendi
Hæc loca cauſa duplex quæ priùs vna fuit.
Maſſiliæ Antiſtes nobis hinc Claudius exit,
Qui medicas verbis fert celebrandus opes.
Corporis æger habet mentiſque iuuamen, adibit
Hos libros, & aquas, viuere quiſquis amat.

Et parce qu'ils auoyent eſté ſi long temps negligez, tant à cauſe des guerres, que pour les diuerſes contagions qu'on a eu en ce pays, le peuple en auoit perdu l'vsage: mais depuis il ont eſté mis en leur premier eſtat & vigueur, par ce tant celebre & experimenté Medecin monſieur

de Villeneufue, qui par ſes effets s'eſt
acquis dans le Dauphiné vne eternité de
loüanges : car par ſon conſeil vne infinité
de perſonnes du Lionnois, Foreſts, Viua-
reſts, Sauoye, Dauphiné, & d'autres Prouinces ayant eſté en ces Bains, ſe ſont
retirez en fort bonne diſpoſition. Particu-
lieremét aux maladies croniques & longues, qui ſaiſiſſent les hommes de temps
en téps, ou d'annee en annee, il leur a
donné pour aduis fort ſalutaire d'y faire
des neufuaines & quinzaines entieres : ce
que l'on obſerue auiourd'huy *ad literam*.
Vous aſſeurant que ceſte annee il y a eu
ſi grand abord de peuple, qu'on y-a veu,
par temps diuers, iuſques à mille ou douze
cents perſonnes de condition aſſez releuée.

La qualité & propriété de l'air d'Aix en Sauoye.

Chap. IIII.

R comme plusieurs prennēt les Bains pluſtoſt par couſtume, que par l'ordre qu'il faut obſeruer, ie croy qu'il ne fera pas mal à propos de deſcrire comme l'on les doibt prendre. Toutesfois il femble que ie laiſſe le fecond eſtage de mon difcours, pour me voir bien toſt comme les Mathematiciens à la fin de ma ligne: ou comme certains Sophiſtes, qui voulants parler du fens de la veuë, s'arreſtent pluſtoſt à la choſe veuë, qu'au fens & à l'orbite qui la contemple. Ie voudroy, puis que i'ay parlé du lieu, en faire autant de l'air, & de fa proprieté: & comme nous ne viuons pas feulemēt des aliments

que nous prennons, mais auſſi de l'air que nous reſpirons, il faut qu'il ſoit proportionné à la vie humaine : & pour ce faire le plus temperé ſera le meilleur. Et tout de meſme qu'on dit, Que la ſanté eſt vne qualitez predominante tant ſur le chaud, l'humide, le froid, & le ſec : ainſi l'air qui aura moins de ſes qualitez excedantes, retiendra vne bonté naturelle à noſtre temperature. Que ſi l'on remarque la condition de noſtre nature, *cùm ſic tēperata temperatis, & ſibi ſimilibus gaudet & deleĉatur : contrariis verò deſtruitur :* & parce qu'elle deſire de s'entretenir dãs la mediocrité ſans exces, l'on void qu'elle met peine de propager & cõſeruer ſõ eſtre ſous le meſme pouuoir qu'elle a reçeu de ſon Createur : & lors que le contraire luy arriue, nous voyons dés l'inſtant, l'asſcendant & deſcendãt de nos aages, à ſçauoir

du principe de vie à fon apogee, & d'icelle
à la fin, n'auoir autre caufe que la feule
qualité contraire des corps elementaires.
Ainfi qu'il eft rapporté par le plus ancien
des Medecins, dans vn de fes apophtegmes,
difant, Que, *fi corpora ad fummum pleni-
tudinis, hoc eft, fanitatis gradum peruene-
rint, cùm in eodem ftatu permanere non
poffint, reliquum eft vt decidant in deterius:*
& comme plufieurs par la rigueur de l'air
& imbecillité de leurs corps tombent en
des douleurs froides, par lefquelles leurs
parties deuiennent engourdies, pefantes,
& pareffeufes, perdant quelque fois l'actiõ
et mouuement progreffif, l'on ne fçauroit
par remede interne ny externe mieux reparer la chaleur comme perduë & abolie,
que par la voye d'vne caufe fimple & naturelle, que Dieu nous a donné, tant en la
chaleur mediocre de l'air, que celle que

nous experimentons aux Bains & fulphurez
& alumineux.

Donqves pour y profiter, ie vous diray,
que la qualité de l'air de cefte ville d'Aix
eft affes fubtile, neâtmoins tendante à vne
mediocre temperature, & qui eft fort propre
aux Phtifiques, pour la bôté & emerueï-
lable proportion qu'elle a auec noftre
nature. En ce lieu l'on y cnuielit beaucoup, tant pour la bonté de l'air que pour
l'abondance de toutes fortes d'aliments,
fruicts, & danrees de fort bonne fubftâce,
qu'on y recueille & qui font neceffaires à
la vie humaine : & encores pour les belles
& excellêtes promenades qui font en ce
lieu, tant fur les monts, dans des belles
forefts, & vignes tres-bien entretenuës,
que dans de beaux iardins & parterres; &
principalement fur le lac, vers cefte antique
& illuftre Abbaye d'Haute-combe, qui a

efté le berceau & la mere nourrice de deux Souuerains Pontifes, ainſi qu'on voit dans leurs Croniques, où particulierement l'on a inferé ces vers latins rithmiques :

Gaude domus Alta-combæ,
Prolem nutriſti Ecclefiæ ;
Antiſtitem magnum quartum,
Cæleſtinum, ac Facundum.

Et ailleurs celte infcription : *Alta-comba Sabaudiæ natum genuiſti fapientiæ Nicolaum Tertium Pontificem magnum, alq ; generofum.* Lieu le mieux fitué pour la vie monaftique, & pour fon afpect, qui foit fur la terre habitable. Dedãs l'on y void les tõbeaux & fepulchres des Sereniſſimes Princes de Sauoye. Prémierement à main droicte celuy de Louys XIII. Baron de Vaux, frere du Comte de Sauoye : & à main gauche le fepulchre d'Amedee, Comte X. de Sauoye, ioignant celuy de

cefte tant fereniffime & illuftre Dame
Madame Marguerite de France, mere de
fon Alteffe à prefent regnant, lefquels font
dignes d'eftre admirez, tãt pour la beauté
du marbre, duquel ils font elaborez, &
releuez de leur longueur, auec autant
d'embeliffement de l'or & l'azur qui efcla-
tent en leurs corniches, que pour les belles
epitaphes qu'on y lit. J'admire principa-
lemẽt celle pour Madame Marguerite, qui
comprent vn fens, enigmatique. Sa ftatuë
eft releuée en bronze, & au deffus l'on y
void vne pierre quarree en forme cubique,
mife au milieu du tableau, qu'on a remply
de quatre fortes de corõnes, à fçauoir
d'Oliuier, de Chene, de Mirthe, & la derniere de Palme : & au deffus de toutes il
y en a vne cinquieme, qui eft tiffuë de
bien claires & luifantes eftoiles, pour
laquelle eft efcript HIS SVMMAM MERVIT

cœlo. Au bas de la pierre l'on y-a figuré vne plaine Lune enuironnee d'vne infinité d'eftoilles, & autour ce vers latin :

Nec celfa bic, nec clara magis fplendefcit imago

A cofté droiſt de l'ornement de cet epitaphe, l'on y void la deuife d'vn viel faule, qui languiſſant fe feiche, ayant perdu l'eau du ruiſſeau, ou fleuue qui le nourriſſoit, difant, *Difceſſu languet amatæ.*

Dv cofté gauche, l'on y void la deuife d'vne plante de cichoree fleurie, ayant à caufe de la nuiſt toutes fes fleurs clofes, qui ne s'ouure iamais par autre lumiere que par celle du Soleil, auec ce mot latin, *Reliquas temno, fumma receſſit :* Ie deprife toutes autres lumieres, puis que ie iouy de la fouueraine. A quartier du principal autel eft placé le fepulchre de Boniface, Archeuefque de Cantorbie, qui eftoit de la

maiſon de Sauoye, & qu'ō tient auiour-
d'huy pour Beat. Il eſt releué en bronze,
& ſouſtenu ſur le dos de ſix perſonnages,
qui eſt vne piece grandement riche & arti-
ſtement trauaillee.

Il y a auſſi vne infinité de tresbelles &
trefriches Reliques : à ſçauoir le chef
entier de ſainĉte Erigne, enchaſsé dans vn
grand vaſe d'argent, ſurdoré, au collier
duquel eſt eſcript, *Caput integrum ſanĉtæ
Erignæ* : & au plus bas, dans vne plaque
d'argent ſurdoré, *Anſelmus Patracenſis
Epiſcopus dedit : ſacrilegus argenteo teg-
mine denudauit : Geneua prædonem ſuspen-
dit, furtum reſtituit Altæ-combæ, Religioſus
Conuentus reſtaurauit.* I'ay veu auſſi le
poulce entier de ſainĉt André y eſtre riche-
mēt tenu : encores de la propre robe de
noſtre Seigneur, & de la cheueleure de
ſainĉte Marguerite : le reſte ceux qui ſont

deuots prendront le loifir, & la pieufe curiofité de le voir.

Neãtmoins ie ne peux ne parler de cefte tant admirable fontaine qui eft pres de cefte Abbaye, appellee du nõ de Merueilles, ou pluftot vn Euripe à nos efprits, attendu que cefte fontaine demeurera à couler, (moins en hiuer, qu'en efté) tantoft demy heure, tãtoft vne heure entiere, tãtoft deux, & quelques fois deux ou trois iours entiers : & lors qu'elle prend fon flux, donne de l'eau plus qu'abondãment pour faire mouldre le moulin & cie du Monaftere. Ie voudroy eftre plus fçauant, & pluftoft auoir vne fcience infufe, pour donner la raifon de ce qu'elle coule à heures & iours interrompus, puis que i'eftime qu'on ne la fçauroit donner naturellement. Et en ce ie fuis de l'aduis du Philofophe Seneque, qui en vn cas pareil, & en vne queftion

qui fe propofe du flux dereglé & interrompu de quelques fontaines, refpond *au
l. 3. des queſt. naturelles, chap. 16.* Que
ce font des fecrets cachez dans la maiefté
de la Nature : Toutesfois fi en ce faict l'on
peut aduancer quelque chofe de probable,
tiré du creux de la Philofophie, il me
femble que Pline le ieune l'a brieuement
& elegamment touché, *en l'vne de fes
epiſtres, l. 4.* où apres auoir defcrit à fon
amy Surra les merueilles d'vne certaine
fontaine, qui depuis a prins de luy fon
nom, & fe voyoit en fon pays, & rapporté
fes croiffances & decroiffances; cõme tantoſt
elle vuidoit le cours chiche de fon threfor,
tantoſt elle pouffoit abondamment au dehors
le criſtal de fes eaux : & trois fois le iour;
ou bien, ainfi que quelques vns veulent,
d'heure en heure elle couloit & demeuroit
à fec : il en recherche en fin curieufement

la caufe, & la dit en ces beaux termes :
Spiritùfne aliquis occultior os fontis, &
fauces modò laxat, modò includit, prout
in latus occurrit, aut deceſſit expulſus;
quod in ampullis, cæteris'q; generis eiuſdem
videmus accidere, quibus non hians, nec
fatis patens exitus. Nam illa quoque, quan-
quam prona & vergentia per quaſdam
obluctantis animæ moras crebris quaſi fin-
gultibus fistunt quod effundunt ? An quæ
ocena natura fonti quoque, qua'que ille
ratione aut impellitur, aut reſorbetur, hac
medicus hic humor vicibus alternis fuppri-
mitur, & egeritur ? an vt flumina, quæ in
mare deferuntar, aduerfantibus ventis,
obutoque æftu retorquentur ? Ita eſt aliquid
quod huius fontis excurſum per momenta
repercutiat. An latentibus venis certa men-
fura, quæ dum colligit quod exhauſerat,
minor eſt riuus & pigrior : is cùm collegit

agilior, maior'q; perfertur? An nescio quod libramentum abditum & cœcum, quod cùm exinanitum est, suscitat & elicit fontem : cùm repletur, moratur, & strangulat. Scrutare tu causas. Ie tien donc que la cause pourquoy nostre fontaine tantost est asseichee, & tantost regorge en abondance d'eau, est, ou bien parce que les vents & exhalations enfermees dans le sein de la terre à diuerses reprises s'engoufrent dãs les conduits & concauitez de la fontaine, & tantost ferment la bouche d'icelle, s'y pousfans impetueusement & abondamment, dont ils empeschẽt le iaillissement de l'eau : tantost ils la destoupent, eschapants par quelque endroit, & permettants libre issuë à l'eau qui estoit detenuë prisonniere. Ceste mesme raison est apportee par Saxon le Grammairien, à vne mesme merueille qui se void és fontaines de Noage, & par Bocace en vne

autre de la Zamaritie en Bifcaye, qui tous
les iours coule & fe feiche par interualles,
iufques à douze & vingt fois. L'experience que Pline apporte des bouteilles,
qui ont le col eftroit, confirme grandement
ce difcours : & de là encor nous pouuons
rendre raifon de quelques fontaines mer-
ueilleufes, dont fait mention Leandre &
Blondus, lefquelles, contre l'ordinaire des
fontaines, feichent en hyuer & fluẽt en eſté,
comme on peut voir encor en Meſſine, en
Sicile, à Ville-neufue en Portugal, & en
plufieurs autres endroits. Ce qu'encores fe
voyoit (comme tefmoigne Philon) en vne
autre qui couloit dans le temple de Salo-
mon. Car nous pouuons dire, que lors de
l'hyuer les exhalations enfermees dans les
entrailles de la terre, à caufe que le froid
en a conftipé tous les pores & les foufpi-
raux, arreftent le cours de l'eau, qui coule

librement quand la douceur du beau temps
a degelé la terre & defermé les conduits
de fes efprits prifonniers. L'autre raifon
que Pline aduance du flux interrompu des
fontaines, prinfe du flux & reflux de la
mer, d'où elles s'originent, auroit à mon
aduis quelque lieu és fontaines voifines de
la mer, ainfi que Pline le raconte d'vn
puits qui eft aux Gades, & Ortel, & d'vne
fontaine d'Hybernie, & d'vne autre pres
de Bourdeaux, qui s'accommodent tres-
bien, à raifon du voifinage, au flux & reflux
de l'Ocean : mais en la noftre cela ne fe
peut raifonnablement dire. Pluftoft ie diroy,
felon l'opinion d'Ariftote, que cefte fontaine amaffe fes eaux de l'air & des vapeurs
refoluës & fonduës dans les concauitez du
rocher, lefquelles ne pouuant fournir à vn
flux continuel, contribuent du moins à ce
cours interrõpu ce qu'elles peuuent; l'eau

ramaſſee par gouttes rempliſſant peu à peu le reſeruoir interieur, iuſqu'à ce qu'elle arriue à la bouche du canal qui la porte dehors.

Qᴠᴇ ſi ie doy confirmer mon dire de la bonté de l'air du lieu d'Aix en Sauoye, ie ne puis le mieux faire que par le naturel des habitans, leſquels ſont gens fort affables, dociles, & ſi courtois aux eſtrangers, que ie ne ſçauroy aſſez raconter leurs ſeruices & affections, & principalement leur deuotion à la tres-ſainᴄte des ſainᴄtes Reliquès, à ſçauoir le ſainᴄt bois de la Croix de mon Redempteur, lequel ſuſt donné par ſainᴄt Cirile à ſainᴄt Ieroſme, qui de ſa propre main en forma & ſculpa vn des rares Crucifix qu'on puiſſe voir. Il repoſe dans vn cledis doré ſur le maiſtre Autel de l'Egliſe collegiale d'Aix, & ſuſt apporté en ce lieu par vn des Seigneurs de la maiſon de Seiffel, auquel, eſtant Ambaſſadeur en Conſtantinople fut donné, en la terre ſainĉte, ce tant precieux ioyau de l'Egliſe.

La forme, & figure des Bains d'Aix en Sauoye.

CHAP. V.

 OVR la situation & forme des Bains qu'on void en ce lieu, celuy de souphre est faict en mode de portique, auquel on descend par des degrez, pour s'y baigner & prendre de l'eau autant qu'il est neces-saire. Il est pres les murs de la ville, ioignant le logis de la croix blanche, lieu fort commode à ceux qui veulent prendre les Bains, tant pour y estre bien traictez que pour sa proximité. Or comme la nature est admirable, ou plustost le facteur de toutes choses, il fait sortir à cent cinquante pas des eaux du souphre, vne fort claire

fontaine d'eau alumineuſe, laquelle ne ſe trouble iamais, ainſi que fait celle du ſouphre, qui eſt dans ſon receptacle touſiours blanchatre, comme l'eau dans laquelle les femmes ſauonnẽt le linge, coulant d'ordinaire en grande abondance, & auec vne telle chaleur, qu'on ne la peut preſque ſupporter. Son eau eſt retenuë dans vn petit baſtimẽt quarré, prenant tant du coſté du rocher, que de la ruë. Au plus bas de ces Bains, l'on y void le grand, qu'on nõme le Bain du Prince, tant pour les delices qu'anciennement les Sereniſſimes Princes de Sauoye y prenoyent, que pour ſa beauté & bonne temperature : maintenãt on le tiltre du nom Royal, attendu que les Rois de France s'y font baignez, & c'a eſté le Grãd Henry de glorieuſe memoire, lequel eſtant venu en Sauoye, viſita ce lieu, & ayant veu les Bains les vns apres

les autres, defcendit de cheual vers le grand
Bain, auquel, auec plufieurs Princes de fa
Cour, il fe baigna & laua, par l'efpace
d'vne heure, auec autant de plaifir & contentement comme s'il eut iouy de la plus
grande delectation du monde. Ce qu'il
tefmoigna, difant, que tous les bains &
eftuues des Medecins de Paris & de France,
voire mefme de l'Europe, ne valoyent rien
au regard de ceux-cy. Et nõ fans caufe,
car comme le Bain du Prince participe de
deux fortes de fontaines, à fçauoir de la
froide & et de la chaude, le meflange en
eft fi tiede & fi bien proportionné, qu'il
eft impoffible de pouuoir rien fentir de
plus delectable. C'eft ce bain qu'Andreas
Bacius Elpidianus, Medecin autrefois fort
celebre à Rome, dit auoir efté cõftruit par
Charlemagne, ainfi qu'on lit dãs fon quatrieme liure des Bains. Auffi eft-il vraye-

ment Royal, tant pour ſa grandeur, que pour les belles galeries qu'on y void tout autour, & auſſi pour ſa fabrique & cõſtruction, laquelle eſt de ſort belles pierres de taille, & d'vne ſigure quarree, ayant quatre entrees, par leſquelles on deſcend au fonds du Bain, par vne dixaine de degrez.

Des Bains d'Aix en particulier.

Chap. VI.

A diuifion des Bains eftãt faite, tant par leurs noms propres, que pour leur fituation, & conftruction, ie viẽ aux vertus & proprietez que Dieu leur a donnees, tant pour faire voir fa merueille incomparable, que pour monftrer l'obligation que nous luy auons de nous auoir donné & eflargi le vray & falutaire remede de nos doleances. Et pour ce faire, ie me feruiray de ce qui eft rapporté par mon Galien, au liure quatrieme, chapitre premier de fa methode de guerir, auquel il diſt, *Non tantum generales methodos Medicum didiciſſe profitetur, fed in fingulis earum partibus exercitatum eſſe.* Et au liure neufieme, chapitre pre-

mier, *de decretis Hipocratis & Platonis :* & encores au premier liure *de locis affectis,* chapitre premier : *Circa res particulares Medicum exerceri oportet, qui fingula artis fuæ opera generali quadam methodo didiciffe profitetur : cuique enim morbo fua eft methodus.* Ce n'eft pas le tout de fçauoir que l'homme en fon genre foit raifonnable: mais faut defcendre à l'indiuidu, & voir fi Pierre eft participant de raifon, ou bien defectueux en fa propriété. Ie n'auroy rien profité en ceft œuure, fi ie n'auoy touché que le general & l'vniuerfel des Bains. Il faut donc par methode & confequence philofophique, venir à leurs particulieres proprietez : & pour ce il faut confiderer qu'il n'y a corps fi fimple & pur au monde elementaire, qui ne participe de la nature des autres. On void le feu eftre adioint à l'air, l'air auec l'eau, & l'eau auec la terre; de la mixtion defquels en fort vn tel trefor, que fans la fymetrie ou commoderation des premieres qualitez, lefquelles ont leur fource & origine des elements, la nature des animaux ne fcauroit longtemps fub-fifter en mefme eftat. C'eft ce que la Phi-lofophie nous appréd, difant que les actions de noftre corps depédent d'vne certaine & bien proportionnée temperature, à fçauoir de la chaleur auec froideur, d'humidité auec ficcité. Auffi nous voyõs tous les iours que les facultez, qui gouuernent les ani-maux fe deperdent & diminuent par les maladies, caufees d'intemperie, ou feule fans fluxion, ou auec fluxion d'humeurs : car noftre chaleur naturelle, qui eft en nous comme fontaine de vie corporelle, eft gran-dement endõmagee, voire quelque fois efteinte & fuffoquee par la chaleur eftrãge & furabondante. Ce que nous voyons aduenir en toute efpece de maladie, fi promptement on n'y remedie : car les plus experts & fcauans Medecins, comme Hippocrates & Galien, ont monftré, que l'effence & fubftance des maladies, n'eft autre chofe que la pleonexie des humeurs, ou les qualitez deprauees & excedantes d'icelles. Et ainfi qu'il y-a deux fortes de plenitude, l'vne qui eft nommee *plenitudo ad vafa*, en laquelle les vaiffeaux du corps humain font fort remplis : neantmoins fans aucune oppreffion des puiffances naturelles: l'autre, qui eft rapportee aux puiffances de Nature, qui eft dite, *Plenitudo ad vires*, en laquelle, combien que les vaiffeaux ne foyent fi grandement enflez, & qu'il n'y ayt pas grande diftention en iceux; toutesfois ils contiennent plus de bon fang, que nature ne peut gouuerner & regir : & pour lors ce fang, qui participe des quatre qualitez elementaires, à la longue fe corrompt, qui eft le principe & l'origine d'vne infinité de maladies : les qualitez auffi vitieufes & corrṓpues en noftre corps peuuent engendrer vne fi grande cacochimie, qu'elle ne peut longuemēt nous poffeder, fans incommoder & nuire les actions vitales, animales, & naturelles d'iceluy. C'eft pourquoy furpaffant & excedant les regles de la vraye & parfaicte mixtion, bleffent la nature, & caufent les maladies fpecifiques tant du cerueau, du thorax, que du vêtre inferieur, aufquelles les bains font grandement propres, tant fulphurez, qu'alumineux. Ce qu'eftant ainfi, nous parlerons d'vn chacun à part, & fous l'action particuliere & fpecifique de leur nature. Nous commencerons donc par le fouphre.

De la nature du souphre, & s'il y-a des eaux sulphurees.

Chap. VII.

E souphre, qui eſt l'vn des mineraux de la terre, eſt vn corps mixte participant de la nature des quatre elements, à ſçauoir du feu, par ſa chaleur; de l'air, par ſon bitume; de l'eau, par ſes exhalatiõs humides; & de la terre, par ſa peſanteur : Or d'autant que ſa production eſt au lieu le plus concaue du dernier & infime des elements, comme dans la profondité des plus grandes montagnes, par le feu ſouſterrain : & la propre chaleur qu'il a au troiſieme degré, ſe rend ſi ſuſceptible d'ardeur & feu ſi violent, qu'il conſumeroit les montagnes

mefmes, fi le ciel ne l'auoit refroidi, par
l'abondance des eaux qui coulent, par fa
diuine prouidĕce, par tous les meandres
& veines de fa miniere; c'eſt pourquoy
eſtant fufceptibles des odeurs & qualitez
eſtrangeres, lefquelles leur font commu-
niquees par la nature des mineraux &
metaux, fur lefquels elles paſſent, on ne fe
doit eſtonner fi tant de belles & fort admirables fontaines fe font veoir fur la furface
de la terre ayánt mefme odeur, qualité &
proprieté que le fouphre, lequel auec fon
bitume fert d'entretien & de matiere au
feu fouſterrain. Que fi l'eau paſſant fur le
fuccre deuient douce, fur l'aloes amere,
fur le vitriol aigrelette, aperitiue, & refri-
gerante; auſſi *per viam tranfcolationis*, les
eaux fouſterriennes retiendront la nature
& proprieté des mineraux, fur lefquels elles
paſſent : donques il eſt aſſeuré, que nous

auons des fontaines qui diftillent des eaux fulphurees & alumineufes, comme celles des Bains d'Aix en Sauoye : vitriolines, comme la fõtaine de Vals en Viuarefls : difficatiues, & autres, comme celles de la Comté d'Ales aux Seuennes, laquelle a cefte tant admirable proprieté, que de dorer les fueilles de laurier, & des œillets, en les trempant au dedans, comme fi artifte-ment elles auoyent efté dorees, ainfi qu'on fit voir ces annees paffees à la Royne de France, par vne quantité de fleurs qu'on luy manda à Paris toutes femees d'or : Auffi cefte fontaine paffant par le plus noble mineral du mõde, produit des effets du tout prodigieux & incogneus aux plus grands Philofophes du monde. Elle n'eft pas feule qui plonge les beaux efprits dãs l'admiration de fes merueilles : on en void tant d'autres parmy l'Vniuers, lefquelles

en leurs proprietez inexplicables ont les
dedales & laberinthes pour ceux qui entrent
en la contemplation de leurs effences; mais
point de fortie pour les cognoiftre parfaictement, & en donner la vraye fcience. Le
fleuue Clitumnus en Italie fera du nombre, lequel, au raport du poëte Virgile en
fes Georgiques, blanchit les brebis qui en
boiuent, dont il dit :
— *Hinc albi Clitumne greges.*
Le Melas en Boecie, l'Acius de Macedoine,
& le Neleus d'Eubee fort belles fontaines,
lefquelles noirciffent quelle forte d'animaux qui en boiuĕt, en feront de mefme :
Comme auffi la fõtaine troglotyde en
Æthiopie, qui blanchit tous les ferpents, qui
noüent en icelle, & les rend de cent coudees de longueur, s'ils y feiournent longtemps : Voire mefme elle a vn flux de trois
fortes de faueurs, l'vn amer, l'autre falé,

& le dernier entierement doux, qui la fait eſtre vne des principales merueilles du mõde. En l'Iſle de Paros il y en a vne qui noircit le linge qu'on trempe dedans : Et en la foreſt Dodone, vne qui bruſle en noirciſſant. I'en pourroys deduire vne infinité d'auſtres de meſme ſubjeĉt. Mais l'eau ſulphuree me retient, laquelle receuant vne perpetuelle ebulition par le feu ſouſterrain, qui bruſle ordinairement dans la mine, venant à deborder hors de la terre, rend vne ſi grande chaleur & odeur, ainſi qu'on experimente tant au dehors, que dans le Bain : & n'eſtoit qu'elle coule de deux lieuës loin de ſa ſortie, enſemble les ſouſpiraux & trous qui ſont pres le mont Riual, & ioignãt la maiſon de monſieur de ſainĉt Paul, dans vn petit pré, on ne la ſçauroit aucunement ſupporter, ni meſme s'en baigner, pour l'exceſſiue chaleur qu'elle

14

rendoit:& parce que l'eau fulphuree partecipe de quelque autre mineral, auffi bien que du fouphre, il fera à propos de confiderer fa nature, & fçauoir quel il eft.

Si au bain du foupbre on y recoi-
gnoit quelque autre minéral,
que le pur foupbre.

CHAP. VIII.

 Es Philofophes defendoient anciennement de ne declarer & mettre en la cognoiffance du vulgaire les fecrets de la Philofophie natu-relle, de peur qu'eftant cogneus, le public abufa d'icelle. A cefte caufe vn Orphee & Mufee anciens Poëtes & Theologiens ont couuert le fens de leurs efcrits fous des fables & fiétions poëtiques. Les Pyta-goriens auoyent accouftumé de dreffer des sepulchres vuides comme à des morts, non feulement aux perfonnes qui fuyoient la fcience, mais auffi à ceux qui la diuul-guoyent; à raifon dequoy ceux de leur

Secte, & les Platoniciens ont rempli leurs
doctrines de fort difficiles enigmes, & voilé
leurs mysteres de plusieurs figures. Le seul
Heraclite sur tous les autres s'est caché
sous l'obscurité de sa diction, & en a rapporté le nom d'obscur; les Medecins au
contraire, auec Aristote, condamnant tous
les deguisements des anciens Poëtes &
Philosophes, nous ont laissé la vraye phy-
sique & doctrine des causes naturelles, par
laquelle non seulement les fables & les
enigmes sont rejettees & bannies d'icelle,
mais toutes choses sont enseignees comme
la nature les donne. C'est vn commun &
asses diuulgué prouerbe: Qu'on iuge du
Liõ par l'ongle : les excrements du fer, qui
sont dans le receptacle du Bain du souphre,
nous font voir & iuger, que nos eaux
participent de sa nature : la fin de laquelle
n'est autre, que pour empescher que l'eau

fulphuree ne diffipe par trop, auec fa
grande chaleur, celle de nos forces; veu
que par vne chaleur excedante, celle qui
eſt temperee en nous, fe diffipe & pert
ainſi que la moindre lumiere eſt offufquee
par la plus grande. Le tout eſt affez euident
par la qualité refrigerãte & deſſicatiue du fer,
laquelle mitige & adoucit l'ardeur du fouphre, & rẽd le fer du tout aſtringent, comme
l'on experimente en l'eau ferree, qui fup-
prime à l'inſtant les fluxions du ventre
inferieur: ou en l'irrigation de l'efponge
trempee dans l'eau calibee, de laquelle on
fe fert pour les hernies inteſtinales, &
principalement en la dilatation du fcrotum,
qu'on nomme enterocele; par fes operatiõs
qui font facultez dependantes du fer. Nous
voyõs comme la mere commune de mineraux, à fçauoir la terre, le rend, quoy que
craſſe & groſſier, vtile & profitable, non

feulement à defendre les villes & les Principautez du monde; mais auſſi fauorable
aux incommoditez du corps humain: & biẽ
que toutes choſes ſoyent pour l'vſage de
l'homme; neantmoints la Nature, ſi elle les
aſſocie & vnit enſemble, quoy qu'il nous
ſemble y auoir de la repugnance, fait ſi
induſtrieuſement bien ſon office, qu'elle
ne produit rien en vain, & ne meſlange
ſans raiſon le fer auec le ſouphre; le
bitume, nitre, & ſel auec l'eau ſulphurce.

Du bitume, nitre, & sel.

Chap. IX.

E n'eſt pas mon deſſein de diſcou-
rir des trois eſpeces de bitume, à
ſçauoir du liquide, mediocre, &
ſolide, & parler d'vn chacun en particulier;
ſeulemẽt ie vuideray la difficulté qu'on
met ſur le tapis, à ſçauoir ſi c'eſt vn vray
& pur bitume tel qu'on prend en la mer
morte, qu'on recognoit aux eaux minerales: ou bien quelques qualitez prouenantes d'icelles? I'eſtime que ce n'eſt pas
vn pur bitume, mais vne liqueur onctueuſe,
fuſible, & aduſtible, ſi ſubtile & aëriẽne,
qui ſort de la ſubſtance des mineraux, que
ſans icelle l'eau ſulphuree n'auroit aucune

vertu medicinale, auec laquelle elle eſt
tellement vnie & coniointe, qu'eſtant vne
fois enflammee, elle brufle de telle forte,
que l'eau ne la peut eſtaindre. Cela eſt
aſſez cogneu en la fontaine qui brufle, en la
Prouince du Dauphiné, pres de Grenoble,
& en certaines autres qui ſont dans les
monts Pirenees. Mais comme le bitume
(ſi bitume ſe doit nommer) eſt plus depuré
& rendu plus ſubtil dans certains Bains,
qu'en des autres, il ſera fort conuenable
de voir, ſi celuy des Bains d'Aix en Sauoye
eſt meilleur & plus Medecinal que celuy de
Bourbon l'Archambaut, de Baleruc en
Languedoc, d'Aix tant en Auuergne, pres
de Mandes, qu'en Prouence & Dignes, en
la meſme Prouince, de Plombieres en
Loraine, de Bade, Vvitemberk, Rotenim-
berg en Allemagne, de Lalembage, Vuis-
baden Gaſtein, Bajoric en Boëme; des

Bains Aponiens, à fçauoir fainct Pierre, Maifon neufue, Montgrotte, fainct Barthelemi, faincte Helene, du mont Orthonien en Italie, della Porreta en Bononie, del Turri, del poltroni, des matrones en Ferrare, de Luques, de Pife, de Hiene, de Monte-Catino en Florence, de Naples, de Sicile, de Nacros-campos, de Vinadum, ou Vine en Piedmõt. C'eſt vne chofe tres-affeuree, qu'il y a certaines parties au monde, où les mineraux font plus parfaits qu'aux autres. On void au Leuant les fruicts, les drogues, & les fuccres meilleurs, qu'en l'Occident: que certains peuples font plus martiaux en vne contree de la terre qu'en l'autre; & que de la diuerfité des lieux en fortent des nations & gens diffemblables, fi non en l'efpece, du moins au parler, aux mœurs, & façons de viure: auffi parmy le bitume des eaux minerales,

15

on treuue vne fort grande difference, fi
non de subftance; du moins elle eft du
moindre au meilleur, du liquide au plus
craffe. Or d'autant que celuy du Bain
d'Aix en Sauoye eft fort liquide & efpuré
tãt par le long chemin que l'eau fait,
auquel elle fe depoüille de toute forte
d'humeur glutineufe & vifqueufe, que
pour la grande quantité de nitre qu'elle a,
par lequel le bitume eft rendu plus net,
plus fubtil, & penetratif. A cefte caufe les
Bains d'Aix en Sauoye auront quelques
operatiõs plus puiffantes, que les autres.
Et non fans raifon : car comme la vertu de
la plus grande partie des Bains de l'Europe
gift aux bourbes & fanges, lefquelles font
grandement tardiues en leurs effets, attendu
qu'elles incraffent, & efloupent les pores
du corps, voire mefme empefchent que
l'eau ne puiffe dilater & ouurir les nerfs

& les parties qui font obftrues & opilees:
le cõtraire eſt de nos Bains, veu qu'eſtant
priuez de toute forte d'excrements, ils ont
leurs actiõs plus promptes & plus fouue-
raines. Que ſi encores l'eau du fouphre a
ceſte tant grande vertu, que de ramolir le
rocher, par lequel elle coule, & le reduire
comme la ceruſe, quoy qu'il foit d'vne
nature de pierre fort dure & difficile à
ouurer, que fera-elle au corps humain &
aux maladies d'iceluy, auſquelles on n'a
befoin d'vne ſi grande force & puiſſance?
Veritablement ces bains ferõt l'arcenal des
plus ſignalez remedes de la Medecine,
pour triompher fur les ſimptomes les plus
violents, & les infirmitez les plus rebelles
de noſtre nature: voire meſme la main
fecourable de Dieu.

Mais d'autant que le temperament du
bitume eſt tel que d'eſtre chaud et fec, felon

Galien, au fecond degré, quoy qu'Auicēne l'aye faict au troifieme, il ne fera pour cela priué des facultez & proprietez qu'il a de fondre, ramolir & attenuer, mefme de corriger le venin des ferpents, de feruir aux gouteux, guerir les playes, la gratele & demāgefon du corps, diffiper l'afthme, ou difficulté de refpirer, empefcher le corps de putrefaction, ainfi qu'on void par la mumie, que les Siriaques preparent.

Le nitre, qu'on nomme auiourd'huy felpetre, que nos Bains ont tant dans le rocher que hors d'iceluy, à fçauoir aux murailles, nous fait voir qu'il eft chaud au commencement du troifieme degré, & fec en tout iceluy, comme auffi falé, aftringent, deterfif, purgatif & incifif; vtile neantmoins à deffeicher les eftomacs humides, àdeftrēper les phlegmes adherants aux inteftins, à guerir les œdemes, corriger les humeurs superflues de la matrice.

Tovchant le sel, les Autheurs en ont insftitué de plusieurs sortes, comme le sel fixe, le sel gemme, le sel ammoniac, le sel fossile, tel qu'il se treuue en Allemagne, sel Inde, sel nitre, & sel naphtique, & tous sont reduits sous le naturel, ou artificiel. Pour le naturel, le fossile est le plus astringent, & ne se fond pas si tost que le marin : car les eaux passant par les veines de la terre, emmeinent auec elles, & fondent par leur chaleur tepide, ceste escume de mer, laquelle par l'adustion & feu sousterrain, auoit esté desseichee & conuertie en la solidité & substāce du sel. C'est pourquoy, comme il a les mesmes proprietez du nitre, par ses vertus les eaux sulphurees receuront dauantage de proprietez, ainsi qu'on void par le sel, qu'on met dans la boisson ; & elles seront non moins

emerueillables, que la perpetuelle genera-
tion du fouphre & bitume, qui entretien-
nent le feu foufterrain, eft prodigieufe.

Des qualitez manifestes de l'eau sulphuree.

Chap. X.

ES qualitez & proprietez de l'eau sulphuree ne peuuent estre d'autre nature que de son agent, & cause efficiente : & parce qu'il y-a tresgrande relation entre la cause & l'effect, le poinct & la ligne, ainsi entre l'eau du souphre & le souphre mesme y aura telle proportion, que si l'agent eschaufe, resoult, penetre, deterge, & digere, faisant le tout *innata sibi virtute & proprietate;* l'eau, qui fait comme la cire au cachet qui tire l'impressiõ du mineral, sur lequel elle passe, agira *in similitudinem substantiæ acquisitæ :*

c'eſt pourquoy l'eau du ſouphre ſera par
la chaleur du ſouphre deſſicatiue : penetratiue, purgatiue, & deſopilatiue par ſon
nitre : adſtringente par le meſlange du
fer; & par ſon bitume remolitiue & reſo-
lutiue, propre veritablement aux retractiõs
de nerfs, douleurs de ioinctures, para-
plexies, & parſaictes paralyſies: & qui plus
eſt ſi excellente aux eſtomacs refroidis, aux
corps cacochimes, aux melancoliques, hip-
pocondriaques, coliques tant nephretiques,
que venteuſes, opilations des hippocondres, iauniſſe, ſuffocation de matrice,
vlceres des iábes, herpes milieres, ſcabri-
cie, gale, & en fin a toute ſorte de tumeur
froide: meſme encores propre & vtile
contre la morſure des ſerpents, ainſi qu'on
void en ceux qui ſont dans le Bain, leſquels par la vertu de l'eau perdent leurs
venins, & ne peuuent offencer perſonne.

Novs auons veu guerir toutes les fuf-
dictes maladies par la proprieté des eaux
du fouphre, en plufieurs perfonnes, le
nōbre defquelles feroit trop grand &
ennuyeux de rapporter icy. Toutesfois
pour tefmoignage plus certain, i'en pro-
duiray quelques-vns, commençant par
Monfieur le Comte de Cartignan, feigneur
fort fage & pieux, qui pour fes rares qualitez a merité d'eftre le Confeil de Monfeigneur le Prince Thomas: Ce fut luy qui
fit l'entree aux Bains, fur le mois de May,
pour des douleurs froides : auffi euft-il le
bon-heur d'en auoir retiré le profit & vtilité le premier. Monfieur le Comte de la
Valdifere, Cheualier de l'ordre de l'Anō-
ciade de S. A. y eftant venu fur le mois
de Iuillet, pour des douleurs nephretiques,
a remporté auffi la bonne difpofition, qu'il
en auoit defiré. Monfieur le Commandeur

Dandelot eſtant tombé en des grandes
retraƈtions de nerfs & douleurs de iointures, apres auoir vſé des eaux & des
Bains, auec toute ſorte de contentement,
il s'eſt retiré en Piedmont en fort bonne
ſanté. Monſieur de ſainƈt Paul de la Coſte
ſainƈt André, Seigneur bien qualifié dans
le Dauphiné, ayant prins les Bains & les
eaux, pour des douleurs de ſciatique, il
s'eſt porté tout diſpos en l'armee du Roy,
où il commande vne compagnie de gens-
darmes. I'ay veu auſſi en ceſte ville Meſ-
ſieurs les Cheualiers de Proüanne, Duc,
& Badaf, Gentils-hommes ordinaires de
Monſeigneur le Prince Thomas, leſquels
tant pour la grauelle, douleurs aux genoux,
obſtruƈtions au mezantaire, ont reçeu les
plaiſirs ſalutaires d'vne bonne diſpoſition.
Le Seigneur Iean Iaques, Eſcuyer de Monſeigneur le Prince Major eſtant venu de

Piedmont pour prendre les Bains, a efté grandement foulagé. Monfieur Veniat, & le fieur Antoine Michiel diront tant & plus des merueilles des Bains de Sauoye, puis que par leur vertu ils ont efté gueris de fciatiques les plus defefperees du monde. Les Dames de S. André, Bazamont, & les Dames de Mont-fleury fçauent fi les Bains font profitables à leurs indifpofitions, veu que d'annee en annee elles obferuent l'ordonnäce de feu mõfieur de Villeneufue. Madamoifelle Baly de Vienne a reçeu tel profit de ces Bains, pour des nerfs retirez qu'elle auoit, fi qu'elle ne pouuoit ny marcher ny fe fouftenir fur fes iambes, pour le iourd'huy elle marche fort bien, & n'y fent plus aucune douleur. Que fi elle en continuë l'vfage, i'eftime que fa fanté s'en perfectionnera. Aux grands maux, il faut des grands remedes, & de la cõtinuation.

L'on s'eſtonne quelquefois quand vn paralitique ne guerit pas auſſi foudain qu'il a
eſté aux Bains, le defaut prouient de ce
qu'on ne les prend pas à propos : ou que
l'on y conduit les perſonnes qui n'en peuuent plus : ou qu'elles ſont ſi aagees, que
la chaleur naturelle ne ſe peut reparer :
comme ceſte annee, i'ay veu de deux
perſonnages, l'vn de ſainct Chamond en
Lionnois, lequel eſtant tombé paralitique
vniuerſellemēt de tout ſon corps : & l'autre
de Dijon, qui eſtoit de meſme, les Bains
ne leur auoir riē ſerui, à cauſe de la longueur du temps qu'ils auoyent ſupporté la
maladie, & leur trop aduancee vieilleſſe.
Et non ſans cauſe, car *à priuatione ad
habitum non datur regreſſus.* C'eſt auſſi aux
principes des maladies qu'il faut courir
aux remedes & aux Medecins, & lors qu'on
a competemment de la force : autrement

la nature manquant, tout le reſte eſt ſuperflu & defectueux. Quelque fois auſſi, & le plus ſouuent, nos pechez nous reduiſent aux douleurs des plus grandes maladies qu'on ſçauroit s'imaginer : & comme elles ſeruent aux hommes de penitence, en eſchange des fautes commiſes, ordinairement Dieu la donne ſi grande, qu'on ne peut guerir, ny eſtre ſoulagé, ſans l'auoir fauorable.

I'ᴀʏ fait vn peu de digreſſion : mais ie reuien aux merueilles, pour vous en racompter deux autres fort remarquables, que i'ay veu produites des Bains d'Aix en Sauoye. L'vne fut en la perſonne de monſieur de Marteau, Gentil-homme tres-prudent & tres-diſcret : L'autre en celle de Meſſire Claude du Terrier, Seigneur du Reuel, & Chanoine de l'Egliſe Collegiale d'Aix, aagez d'vne trēteine d'annees chacun. Eſtant tombez paralitiques de tout le corps, ayant prins les Bains, enuiron le mois de Iuillet, & obferué le regime de viure, ils ont efté parfaictemẽt gueris. Chofe du tout admirable, car parmy la grande chaleur de l'efté & Bains, monfieur de Marteau y demeuroit, les deux & trois heures de continuë, qui eft contre l'ordinaire, ainfi que ie diray cy apres: mais le defir de guerir, & la rigueur du mal qu'il auoit fupporté trois ans entiers, qu'il fut paralitique vniuerfel, faifoit furmonter à fon genereux courage, toutes les difficultez qui fe prefentoyent.

MADAME de Poligny, niepce de monfieur de la Fare, Gouuerneur de l'Arcenac de Grenoble, eftant fubiecte à vn tremblemẽt de bras, a prins les eaux et Bains fi falutairemẽt, qu'elle dict n'auoir rien peu rencontrer de tous les Medecins, de plus falutaire. Monfieur de Gramont, General

de l'ordre de fainȻ Antoine, Grãd Aufmo-
nier du Roy, & Confeiller en fon Confeil
d'Eftat: monfieur le Doyen de fainȻ Chef
fon frere, & monfieur Lanier tres-doȻe &
bien experimenté Medecin à Lyon, ont vfé
de ces eaux auec bon fucces pour leurs
fciatiques. Monfieur de Barault Capitaine
du Guet à Lyon, de mefme. Monfieur
Coquet tres-honnorable marchant Drapier
de la mefme ville, a reçeu telle benediȻion
en ces Bains, qu'ayant perdu le marcher
pendant huiȻ mois, dans quinze iours
qu'il print les Bains, il s'eft trouué remis
en tres-bonne conualefcence, non fans
grande admiration de Meffieurs les Medecins de Lyon, & de tous ceux de fa
cognoiffance. I'ay veu plufieurs Capitaines
& braues hommes venir aux Bains pour
des bleffeures qu'ils auoiȇt reçeuës aux
fieges de Mõtaubã, Clerac, fainȻ Antonin,

& autres villes affiegees par fa Majefté, &
en guerir. Môfieur du Aift, Preuoft General
du Regiment de Lorraine de monfieur le
Marquis de Seleran, ayant reçeu deux
coups d'efpee en la cuiffe, & au bras gauche, les nerfs s'eftoyent tellement retirez,
principalement au bras, qu'il ne s'en pouuoit ayder: Mais par l'vfage des Bains a
efté reduit en fa fonction naturelle. Il peut
dire auffi côbien grande eft leur vertu
pour la collique, car eftant tombé en vne
paffion illiaque, laquelle ie ne pouuoy
ceder, ny guerir par clyfteres, fomenta-
tions, huiles, & medicaments carminatifs;
ny mefmes par les bales de plomb, que ie
luy fis aualer: en fin luy ayant confeillé de
reprêdre les Bains, le faifant, dans peu de
iours il a efté guery. Meffieurs du Bourg
& de la Pichetiere ayāt efté bleffez de
moufquetades au bras gauche, aux armees

du Roy, vfant de ces Bains, ont efté grandement allegez.

Qvant aux opilations, obftruƈtions, & imbecillitez d'eftomac, ie pourroy en rapporter vne infinité d'exẽples : Ie me contenteray de celuy feulement de madamoifelle de Chafteau-fort, tres-noble & tres-vertueufe Damoifelle, laquelle eftant opilee, a efté deliuree par l'vfage des eaux & Bains. l'en pourroy dire autant de la fille de madame de Poipõ de Montmeillan, qui a reçeu le mefme foulagement à mefme mal.

Povr la melancolie hippocondriaque, & corps cacochime, deux honneftes hommes ayant efté Religieux chez les Reuerends Peres Capucins, & depuis fortis à caufe de leurs infirmitez, ont reçeu du contentemẽt & de la conualefcence en ces eaux. Monfieur. Dife Gouuerneur des Siles en Dauphiné, & le Capitaine Caüt Lieute-

nant des Gardes de monfieur le Conneſta-
ble viennẽt vne fois l'annee commander
aux Bains pour ſe redimer de maladie. De
plus, vn tres-bon marchant de Lyon,
nommé mõfieur Clef, quoy qu'aagé de ſep-
tante ans, a prins telle habitude aux Bains
de ce pays de Sauoye, qu'il les frequente
annuellement depuis vingt ans, auec tel
aduantage pour ſa ſanté, qu'il ne ſe peut
mieux. Les Bains auſſi font propres pour
entretenir & fortifier la chaleur naturelle
des gẽs vieux. On lit dans Galien *au liure
de ſanitate tuenda*, du Medecin d'Antio-
chus, lequel vſant des Bains fort aagé,
veſcut auſſi maſle & vert iuſques à cent
ans, que s'il n'en euſt eu que quarante.
C'eſtoit le ſecret des anciens pour ſe pre-
ſeruer des maladies, & ſe rendre forts &
robuſtes. A ceſte cauſe ils ſe baignoient
pluſieurs fois l'annee, tant en hyuer, qu'en

esté. Car comme les gens vieux font fort
abondants en phlegme & pituite, qui font
humeurs froides, & par lefquelles ils tombent en des cruditez, & d'icelles aux
fluxions immoderees du ventre, les Bains
diffipent telles & femblables humiditez,
tant par les fueurs, que par la propre chaleur de l'eau, & fortifient fi biĕ les parties
tãt vitales, animales, que naturelles, qu'elles
retournent au mefme degré de fanté, fi
non pour la force virile, du moins en
quelque cõfiftence mediocre. Que s'ils font
dignes de loüange, ie diray, Que les Bains
ont cefte merueille auec eux, que d'eftre le
feul medicament delicieux pour maintenir
les fains, fortifier la nature languiffante, &
reftaurer les malades. Ils font la vraye
douceur fans labeur, & ce feu facré de la
terre, qui eftant marié auec l'eau, a de la
corefpondance au principe de noftre vie,

& fait que noſtre chaleur naturelle eſt
mieux conſeruee : car ſi elle excede par
accident les limites de la raiſon, elle eſt
retenuë dans la iuſtice d'vne loüable proportion, par l'humidité des Bains : ſi auſſi
elle eſt amoindrie, ce bon heur luy eſt com-
muniqué, d'eſtre fortifiee par la chaleur
viuifiáte des eaux. Ce ſont celles de l'Eſcrip-
ture, en laquelle il eſt dit, Que *spiritus
Domini ferebatur ſuper aquas :* ou comme
les eaux de Siloë, qui faiſoyent autant de
merueilles que les merueilles meſmes ſont
abondantes en la Nature. Pourquoy les
Bains pres du Capitole de Rome, dreſſez
par Feſtus Pompeius, & ceux du Pantheon
& du Capitole faits par Veſpaſien &
Agrippa, ſinon pour reparer la nature
defaillante, & conſeruer la ſanté ? Le grand
maiſtre des Medecins l'a fort bien exprimé
en ces paroles, au liure de aëre & aquis,

ſeƈtio. 3. *Qui hac ratione mutationes aëris, locorum, aquarum'que commoda perſen-ſerit, & is horum naturam cognouerit, plerumque ſanitatis illi ſuccedet.*

C'ᴇꜱᴛ ce qui eſmeut madamoiſelle Maſcranni, femme d'vn des riches Banquiers de Lyon, & pluſieurs autres dames de la meſme ville, à rechercher leurs ſantez par l'vsage des eaux minerales de ce pays de Sauoye. Madame la Conteſſe Bugne du Piedmont les ayant prins pour vne foibleſſe de reins, & Madame de Murinets de Grenoble, ne pouuant tourner le col, par le desbordement d'vn rheume qui l'auoit auſſi renduë aſtmatique, chantent toutes deux les merueilles de Dieu en ces eaux, pour auoir eſté par elles deliurees de leurs infirmitez.

Iʟ ne ſera hors de propos de ioindre à ce diſcours l'experience, que Monſeigneur

le Prince Thomas a cõmandé de faire à
monfieur Atile fon Medecin, homme fort
experimenté en noftre art, pour l'indifpo-
fition de Madame la Princeffe de Modena
fa fœur, & principalement pour la dureté
& foibleffe d'ouye, de laquelle la Sereniffime Princeffe eft incommodee. Pour
l'experience l'on a choifi vne vefue de
Chãbery aagee de trente trois ans, laquelle
ayant prins les eaux & les bains, durant
trois fepmaines, auoit recouuré quelque
foulagement & meilleurement: mais parce
que fa furdité eft trop inueteree, ou qu'elle
ne luy eft pas furuenuë d'vn acouchement,
ainfi qu'à la Sereniffime Princeffe, comme
auffi qu'elle eft de diuerfe temperature,
i'eftime que la fufdicte vefue ne fçauroit
parfaictement guerir. C'eft l'opinion de
tous ceux de noftre profeffion, Que *Habitus
deprauati fi non citiffimè curentur, fiunt*

naturales. Ie paſſeroy plus outre pour diſcourir icy de la ſurdité, & ſçauoir ſi les Bains ſont propres à ceſte incommodité, n'eſtoit que ie reſerue le tout à vn autre chapitre.

Des qualitez occultes de l'eau sulphurée.

CHAP. XI.

L n'y a rien au monde, faict & composé de la main toute-puissante de Dieu, qui n'agisse ou par la matiere, de laquelle il est composé, ou par la forme qui l'embellit, ou de toute sa substance. Nous voyons que les corps simples n'ont aucune action s'ils ne sont meslangez & vnis auec des autres, par la mixtion desquels ils puissent produire les effets selon leurs naturelles conformations. Et parce que les qualitez secondes sont necessaires à ceste vnion, l'on ne doibt doubter que de la proportion qui en sort, tant de celles-cy, que des premieres, on ne

voye le threfor admirable de leurs actions eftre reduit fous la nature du dur & du mol, du craffe & du fubtil, friable, ou vifqueux, par lefquelles qualitez nous voyons la difference qu'il y a entre la diuerfité des aliméts neceffaires à la vie humaine, les vns pour eftre faciles à digerer, comme doüez d'vne fubftance legere : les autres difficiles, à caufe de leur groffiereté & pefanteur. Nous cognoiffons de mefme, que fi de la mixtion en fort vne qualité predominante, fon effet appartiendra au temperament, & la confiftance à la matiere du mixte. Et d'autãt qu'õ difcerne vne autre actiõ qui n'eft dependante de la matiere ny du temperament : mais feulement de la forme, comme au mixte parfait, à fçauoir l'homme, elle n'aura rien de commun à noftre difcours, attendu que noftre fubiect eft tout autre. Refte dõc à voir pourquoy

18

vne mefme chofe produit des effets diuers,
cõme la Rheubarbe, qui purge la bile, &
la pituite, qui font de nature du tout contraires; & l'eau fulphuree reftraint & fup-
prime aux vns les fluxions du ventre, aux
autres les lache & prouoque à fluer: def-
feiche auffi & ramolit. De ce difcours fort
vne queftion qu'on demãde à refoudre,
pourquoy & qu'elle eft la caufe, qu'vn
mixte irraifonnable, qui n'a qu'vn feul
principe & caufe en fon action, produife
des effects fi diffemblables, comme l'on
void au Scorpion & à la Vipere, qui ont
le mal & la fanté pour effect, eftans comme
le iauelot d'Achiles, bleffant & gueriffant?
C'eft auffi le nœud Gordiẽ qu'on dõne à
diffoudre aux Phificiẽs & Medecins fur les
merueilleux effects de la nature, & principalement en l'aragnee, laquelle enfermee
dãs la pellicule d'vn gland, guerit la fieure

quarte, les cendres des efcreuices la mor-
fure des chiẽs enragez, & celles des can-
tharides prouoquent l'vrine, & exulcerent
la veffie, comme le lieure marin, les poul-
mons.

Povr refoudre ces difficultez, & premierement touchant les qualitez occultes
& effeéts contraires de nos eaux, ie refpondray ce qu'a dit le Medecin de l'Em-
pereur Oribafe, *en fon liure 10. chap. 5.*
parlant des eaux: *Virtus & potentia aqua-*
rum fponte nafcentium defumenda eft, ex
iis quæ experientia comprobantur : certam
enim & exquifitam notitiam tradere non
poffumus. Il faut, dit-il, cognoiftre les eaux
pluftoft par l'experience, que par la cognoiffance qu'on defire d'auoir de leurs naturelles
operations: & pour les autres mixtes, qui
agiffent par l'antipatie, ou fympatie qu'ils
ont enuers le corps humain, i'adhere à ce

que Fernel en a dit, *en son liure 2. de
abditis rerū caufis, chap. 17. Sunt quædam
arcana & multis rebus abdita, quæ nos
natura mirari potiùs, quàm fcire voluit.*
Alexãdre le Philofophe en a dit de mefme,
au premier de fes problemes, Que *fubftan-
tiæ rerum funt inexplicabiles :* & quoy que
l'elops, le maiftre de Galien, aye voulu dire,
qu'il n'ignoroit pas les caufes de tous les
effets de la nature; neantmoins en icelles
caremus cognitione veri : & ayant efté reprins
par fon difciple, nous fommes contraints
d'aduouër auec luy, que *occultæ rerum
proprietates nulla ratione funt inuefti-
gandæ.*

Queſtions neceſſaires au Traicté de l'eau du Souphre.

CHAP. XII.

'ON demande premieremẽt, Pourquoy l'eau du ſouphre n'eſt pas ſi chaude, que celle de l'alun, puis que le ſouphre eſt plus ſuceptible de feu, & qu'il eſt parfaictement chaud au troiſieme degré, & l'alun au commencemẽt d'iceluy? Secondement, pourquoy l'eau tant de l'alũ, que du ſouphre, eſt plus chaude ſur le ſoir & matin, qu'en plain midy : comme auſſi auant la pluye, qu'apres la pluye? Troiſiemement, pourquoy elle eſt ſi trouble & blanche dans ſon receptacle, pluſtoſt qu'en ſortant de ſa ſource, en laquelle elle eſt auſſi claire que l'eau de

la plus limpide & criſtaline fontaine du monde? En quatrieme lieu, pourquoy ſes deux tant celebres fontaines ont des vapeurs ſi grãdes ſur le matin, iuſques à dix heures, & point ſur le ſoir? Que ſi elles ſont vaporeuſes & fumeuſes vers le tard, c'eſt ſigne manifeſte de pluye, ou de greſle, ou de tonnerre?

Qvant à la premiere difficulté, l'on dira, que c'eſt le peu d'exhalation que la fontaine de l'alun a : car, comme diſent les Philoſophes, *virtus vnita maior eſt ſeipſa diſperſa*. L'on void les corps en hyuer eſtre plus chauds qu'ẽ eſté, auoir meilleur apetit & digerer plus facilement qu'aux chaleurs eſtiuales. C'eſt qu'alors la chaleur du corps ſe concentre, & eſt plus vnie qu'en eſté: & pource les eſtomacs en eſtant fortifiez, ſont mieux leurs fonctions pour la conſeruation du corps.

Povr la feconde curiofité, l'on void clairement, que c'eft l'antiperiftafe, qui caufe cefte grande chaleur, laquelle eft fortifiee pluftoft fur le matin & foir qu'en plain midy. Raifon qui eft reçeuë des Philofophes, veu que le froid externe, tant du matin que du foir, chaffant la chaleur du fouphre dans fon mineral, & faifant le tout par fa contraire oppofitiõ, excite vn plus grand feu. Ainfi que nous auons par l'expérience du feu des fornaifes du fer, lequel eft rendu plus ardent & propre à brufler le fer, par l'addition de l'eau qu'on y iette, que s'il eftoit exhalé & euaporé.

A la troifieme difficulté, quelques vns difent, que c'eft l'air externe qui efpaiffit l'eau & la rend ainfi trouble, raifon qui n'a point de poids : car fi c'eftoit l'air qui fut la caufe de fon efpaiffeur & troublement, il en feroit autant en la fontaine de

l’alun, laquelle demeure toufiours claire.
Les autres difent, qu’elle pert fa chaleur
dans fon portique, & par ainfi elle s’efpaiffit
& trouble. Ie diray tout de mefme de cefte
raifon, que de la premiere : car l’eau
alumineufe eftant refroidie, eft auffi claire
qu’auparauant. Il faut dõc que ce foit
quelque plus grande caufe qui agiffe &
produife cet effect. Pour moy, i'eftime que
c’eft le bitume, ou humeur onctueufe, qui
fort du fouphre, laquelle eftant recueillie
& agitee dans fon receptacle, fait que l’eau
deuient trouble & blanche. Ma raifon eft
fondee fur la demonftratiõ qu’on fait de
l’huile du fouphre, ou du benjoin, duquel
fi l’on en verfe deux ou trois gouttes dás
vn pot d’eau de fontaine, à l’inftant elle fe
change & deuient blanche & trouble comme
laict, ainfi qu’eft celle du Bain du fouphre.

Povr la derniere demande, elle s’accorde

auec la refponce de la feconde queftion.
Toutesfois il n'y aura point de mal que
i'exprime le tout le plus brieuement que ie
pourray. C'eft donc la contraire oppofition,
qui eft entre le froid & le chaud, laquelle
produit & rẽd l'eau plus chaude, & par ainfi
exhale d'auantage de vapeurs & fumees fur
le foir & matin, lefquelles ceffent auffi toft
que le Soleil darde fes clairs & luifants
rayons dans l'opacité de l'eau fulphuree,
& du brillãt criftal de l'eau alumineufe.
Autant en peut on dire fur l'obfervation
& changement du temps: car iamais les
Bains ne rendent aucunes fumees & exhalations, que l'air ne foit refroidi, ou bien
rendu obfcur & nebuleux. Ie voudroy en
fuitte parler des proprietez de la fontaine
d'alun: mais ce fera au fecond liure de
ceft œuure, pour obferuer l'ordre & la
methode requife en toute fcience.

Methode generale pour prendre les Bains.

Chap. XIII.

Ieu a eſté ſi admirable en la production & creatiõ de toutes choſes, qu'outre le principe de vie, & la vie meſme qu'il leur a donné, il a eſtabli vn ſi bõ ordre parmy leurs conditiõs & durees, qu'elles n'oſeroyent, ny meſme pourroyent, aduancer & reculer leurs mouuemẽts ordinaires, ſans cauſer quelques grãds accidents en leurs natures. Auſſi parmy les remedes que nous deuons prẽdre, ſoit pour guerir les maladies, aufquelles nous ſommes ſubiects, ſoit pour nous entretenir en ſanté, la methode eſt ſi neceſſaire, que ſans icelle *Qua data porta*

ruit. L'on void que fi toft qu'vne maifon eft dereglee, tout fe perd peu à peu, & de riche deuient fort pauure. La confufion eftant dans vne armee, quand elle feroit de deux cents mille hommes, les chefs n'ont plus de pouuoir fur leurs foldats, les foldats de force, ny les armes des hõmes, pour faire quelque bõ effet. C'eft donc l'ordre qui eftablit toutes chofes & les maintient en leur perfeᴄ̃tiõ, lequel nous deuons obferuer prenant les Bains.

Il eft veritable que ceux qui võt aux Bains, ont befoin d'vne bonne conduite, & d'vn regime de viure autant exquis & particulier, comme s'ils faifoyent la diete: car les eaux par leur chaleur fubtile attenuant le fang, efmeuuent des grandiffimes fueurs, aufquelles fi on fe refroidit, fi on mange quantité de fruiᴄ̃ts, d'herbes froides & falades, ou qu'on faffe des exces de bouche, (ainſi que pluſieurs gens dereglez, qui ne ſe ſoucient de la brieueté de leur vie, pourueu qu'elle ſoit delicieuſe,) l'on ne peut qu'empirer, attendu que la vie deſordonnee, & l'vſage des herbes refrigerantes, & des fruiɕts cruds defont, refroidiſſent, & deſtruiſent la chaleur natiue de l'eſtomac: & par ainſi manquant à ſa digeſtion, tout le reſte du corps s'affoiblit & deuient cacochime, & impur. Le diuin Hipocrates diſoit: *Ventriculi ſegnities, vaſorum impuritas, omnium confuſio.* Quand les hommes prennent vn renouueau, il faut qu'ils vſent des aliments les plus nutritifs, ſe faſſent bien ſeicher, ne ſortent que deux heures apres auoir prins les Bains, ſe gardent du Soleil, & ſur tout du ſerain.

La façon de les prendre vtilemẽt eſt telle. Il faut bannir de ſoy toute ſorte de melancolie: autremẽt le corps ne ſera iamais

en bon poinct, auquel l'efprit fera trifte :
car, comme dit Auicenne : *Corporis tem-*
peramentum fequitur animi oblectamentū.
Que fi l'efprit n'eft pas content, le corps
fera toufiours inquiet. On le void aux
amans, qui occupant leurs efprits fur les
rares beautez de leurs maiftreffes, deffei-
chēt tellemēt leur corps, pour des flat-
teufes & du tout vaines conceptions, qu'en
fin ils font reduits fecs & arides cōme du
bois. Qu'on vienne donc content & ioyeux :
neantmoins auec ce courage de fupporter
tout ce qui fera neceffaire pour noftre
bien, foit en l'vfage des medicaments, qu'on
prend ordinairement auant qu'entrer aux
Bains, foit qu'il furuienne des inquietudes,
alterations, laffitudes, & douleurs, tantoft
en vn bras, tantoft en vne efpaule, ou fur
vne cuiffe, & en fin par tout le corps : car
les Bains en leur principe, & lors qu'on

commence à les prendre, renouuellent toute
forte de douleurs & de maux : mais quelque temps apres, chaffant & diffipant la
caufe du mal, les douleurs ceffent, & le
corps fe fent tout fain & gaillard. Cela fe
void en ceux qui prēnant les Bains, obferuent vn regime de viure conuenable à leur
naturel : & tout au contraire à ceux qui
propofant d'entrer par la fageffe, dans le
paradis de fanté, fe laiffent aller par les
plaifirs des femmes impudiques dans l'Enfer
des plus violentes douleurs qu'ils ayēt
auparauant reffenties : fi bien que venant
aux Bains boiteux d'vne iambe, s'en retournent eftropiez des deux. C'eft ce malheur
qui eft auiourd'huy fi grand, qu'on void
ces monftres de nature, fe gliffer dans les
armees pour abattre & effeminer le courage des plus valeureux Capitaines du
monde: & venir aux Bains pour diffiper

l'humidité radicale des corps les plus fains, & deſtruire plus dans vne heure que toutes les eaux ne ſçauroyent reparer dans vn mois. C'eſt auſſi ce qui a faiƐt dire à vn certain perſonnage : Qu'vne femme l'auoit faiƐt, mais qu'vne autre l'auoit desfaiƐt. Ariſtenes auoit bonne grace, lorsqu'il diſoit, Que Socrate viuoit philoſophăt auec la vertu, mais le fachăt aux portes de l'impudicité, & ſous le vice, il l'eſtima mort eſtant encores viuant. Doncques qu'on prenne bien garde de ne ſe licentier à des plaiſirs & debauches extraordinaires, attendu que les Medecins ont beaucoup de peine de regler & corriger les exces de deperdition de ſubſtance. Or parce que la methode de prendre les Bains conſiſte en trois points; à ſçauoir au regime de viure; aux remedes qui ſont tant pharmaceutiques, que chirurgicaux; & aux choſes

neceſſaires, leſquelles on doibt porter auec
foy pour euiter les dangers & infortunes
qui ſuruiennent par la communication du
linge. A ceſte fin l'on aura ſa prouiſion de
linçeuls, ſeruietes, chemiſes, calſons, robes
longues de chambre bien fourrees, & des
pantouſles. Pour tout ce qui depend de la
Medecine, l'on trouuera en ce lieu tout ce
qui ſera neceſſaire aux malades, Monſeigneur le Prince y ayant pourueu, &
ordonné. Pource n'en parleray-ie : mais
ſeulement de ce qu'il faut obſeruer pren-
nant les Bains.

Eɴ premier lieu, qu'on ſoit preparé
comme il faut, & bien purgé auparauant.
Ce qu'on fera conuenablement, ſi l'on
conſidere que pour faire vne bonne & vtile
purgation, il faut que le medicament ſoit
valide & accommodé à l'humeur qu'on doit
euacuer, & que la nature ſoit robuſte pour

moderer la purgation. En outre que les
voyes & conduits, par lefquels le medicament doit paffer, foyĕt ouuerts & libres,
autrement la purgatiŏ feroit inutile & imparfaicte. Car fi l'humeur eft retenu en vne
partie denfe, obftrufe & opilee, quoy que
nature foit forte et robufte, eftant irritee
par le medicament, la purgation ne fçauroit fucceder au profit du malade. A quoy
les practics Medecins obuient par la voye
des preparatifs, qui font faits diuerfement,
tant felon la qualité des humeurs, que
l'habitude des corps infirmes. A ces fins
ils ordonnent des clyfteres, iuleps, apo-
femes, fyrops, bouïllŏs, & autres qu'on
peut prendre auant la purgation, qui eft
pour rendre les humeurs fluxibles. Secon-
dement qu'on n'entre pas au Bain eftant
par trop foible, et lors que le foleil dŏne
au dedans, ny auffi ayant l'eftomac rempli

20

de viandes & des aliments. En outre, que
les femmes, qui ont leurs menſtrues, & les
hommes qui ſont attaints des hemorroides
s'en abſtiennent pour quelques iours, &
iuſques à ce que la rigueur de l'hemorragie
ſoit paſſee : ou que la nature aye tout ſup-
primé. En troiſieme lieu qu'õ ne ſe baigne
point lors que l'air eſt froid, & qu'il fait
tẽps de pluye, attendu que la pluye &
le froid externe, peuuent congeler les
humeurs, & cauſer quelque morfonde-
ment. En fin on doit taſcher que les eua-
cuations naturelles des parties du corps
humain, & par leſquelles les excrements
ſe purgent, ſoyent laches : & qu'on viue
modeſtement. A ceſte cauſe ie diray quelque choſe du regime de viure, qui depend
de la methode generale.

Du regime de viure, qu'il faul obferuer aux Bains.

CHAP. XIV.

VRELIAN tres-docte Medecin dit: Que la diete, ou regime de viure, eft la conferuation de la fanté, & la guerifon d'vne infinité de maladies. Il confifte en la diftribution de l'air, du boire, du manger, du repos & exercice, inanition, & repletion, de la ioye ou trifteffe, & autres paffions de l'efprit.

DE l'air ie diray feulement, qu'on le doit choifir agreable & propre aux malades, pour les preferuer tant eftât aux fueurs, que dehors. Et pource l'on doibt rechercher le plus temperé.

QVANT au manger, le meilleur eft de

prendre des aliments les plus fucculents & nutritifs qu'on pourra trouuer, foit au pain bien cuit, leger, molet & vn peu falé, foit és animaux, comme des domeftiques, les poulets, chapons, pigeonneaux, mouton, & veau. Des champeftres, les perdrix, phaifans, gelinotes, griues, merles, alouëttes, cailles, & tourdes : Et des poiffons, truites, hombres, loches, tenches, perches, lauarets, efcreuiffes, & autres des eaux & fontaines fort nettes. On fe doit abftenir de toute forte d'efpicerie, excepté de la mufcade, & canelle. Les viandes groffieres & pefantes eftant difficiles à digerer, font fort nuifibles ; à ces fins, on n'vfera de chair de bœuf, lard, cerf, biche & fanglier, ny d'aucune forte de patifferies. Auffi des fruiﬅs cruds, chaftaignes, cerifes, melons & cocombres, on n'en doit manger que par fobrieté & difcretion : non plus des legumes, excepté l'orge mondé, que Galien & Hipocrate ont tant recommandé en la Medecine. Les falades & compoftes ne font aucunement propres.

On pourra difner entre dix à onze heures, & auoir pour entree de table les pruneaux de Tours bien cuits & fuccrez, & des bouïllons faits auec la chicoree, ozeille, fcariole, laictue, buglofe, borrage, pinpinelle, & autres qui peuuent tenir le ventre libre. On prendra garde que fur le matin on aye pluftoft les viandes bouïllies, que rofties, & au fouper tout le contraire : neantmoints les poires & pommes cuites fous les cendres chaudes, auec l'anis, ou fenoil de Florence, feruiront de deffert. Pour le boire, le vin bien trempé eft plus recommandable, à caufe de l'alteration & foif, de laquelle on eft ordinairement attaint prénant les Bains, que fi on le boit

tout pur. On fera rafraichir de l'eau de la
fontaine d'alun, pour en vſer auec le vin
le long des repas: car elle rafraichit, nour-
rit & defaltere ceux qui en boiueut. Que
ſi on ſe ſent par trop alteré, ou eſchaufé,
on prendra de la ptiſane, du bouchet, de
l'eau ſimplement ſuccree, ou de l'eau panee.
Sur le matin, auant qu'entrer au Bain, on
peut boire vn doigt de vin, apres auoir
mangé quelque peu du pain roſti, ou quelques confitures; comme paſte de Genes,
eſcorce de citrõ, gorge-d'ange, cotignac,
conſerue de roſe, ou apres quelques iaunes
d'œuf. Sur l'apreſdinee, ceux qui ſont
foibles & qui ſont grandemẽt delicats,
prendront demy heure auãt qu'entrer au
Bain, quelque roſtie au ſucre, ou biſcuit
de Geneue. Sur tout on ne doit iamais ſe
baigner, le ventre chargé, ou farci de
viande. C'eſt pourquoy on met d'vn bain

à l'autre, le temps de fix à fept heures, à ce que la digeftion foit faiôte. Les apresdifnees font deftinees aux exercices ioyeux, aux colloques & difcours fabuleux des compagnies, & à toute forte d'honnefte recreation.

Qvant au dormir & veiller, il eft auffi expedient qu'on donne à la nature ce qu'il luy eft neceffaire. A ces fins deux heures apres le fouper, qu'õ prend en eflé fur les fix à fept heures du foir, on va repofer & dormir, pour le lendemain matin eftre efueillé fur les quatre heures, à ce que dans vne heure apres, les hommes puiffent entrer aux Bains, & vfer du temps qu'ils ont depuis les cinq heures iufques à fept, qui eft l'heure deftinee & cõmode aux femmes pour prédre les Bains, veu qu'elles dorment quelque peu d'auantage que les hommes. On doit fuyr le fommeil du midy, car c'eft

vn repos qui engendre des rheumes, fuffo-
cations, & des mauuaifes humeurs tãt dãs
le cerueau, qu'en toute l'habitude du corps,
pluftoft qu'vne bonne nourriture: & comme
le trop dormir eft nuifible, auffi les grandes
veilles font preiudiciables : de mefme les
grands exercices, & principalement au
foleil & ferain. C'est pourquoy on fera
quelques petites promenades vers les beaux
& agreables iardins de la ville, tant auant
le difner, que fouper, & principalement
vers l'arbre de l'Appetit.

Tovchant l'inanition & repletion on
doit aduifer que les humeurs ne foyent
par trop abondantes, & que le ventre
inferieur ne foit pareffeux à vuider les
excrements. La ioye eft fort recommandable, comme i'ay dit cy-deuant. Les
coleriques, picrocoliques, misãtropiques,
ftu-dieux, & autres, qui ont des paffions

dereglees tant pour leurs affaires, negoces & occupatiõs domeſtiques, que pour les ſciences, auſquelles ils ſont employez, doiuẽt faire treſue pour quelque temps, veu que les Bains veulent & le corps & l'eſprit quiet.

Remedes neceſſaires à ceux qui prennent les Bains.

CHAP. XV.

Ovt ainſi qu'vn Paintre ne ſçauroit bien faire, ſans les couleurs qui luy ſont neceſſaires : ny le ſoldat ſans ſes armes: ainſi le malade ſans les armes des remedes ne ſçauroit conquerir vne bonne ſanté. Or côme les remedes ſont diuers, ſelon la diuerſité des complexions des hommes, i'en deſcriray quelques vns particuliers à chacune complexion.

LES melancoliques, ſtudieux, & gens addonnez aux lettres: & les femmes qui ſont delicates prendront l'vſage du ſenné oriental bien mondé, & infuſé vn ſoir auparauant dans l'eau du ſouphre la peſanteur de deux ou trois efcus, y adiouftant vn peu d'anis concaffé, auec vne branche de regaliffe. Que fi on eft fort conftipé, l'on y refoudra vne once & demy manne de calabre, ou deux onces firop rofat folutif.

Povr les coleriques, les tablettes de fucco rofarum, la pefanteur de fix à sept dragmes fuffiront, en les deftrêpant auec l'eau du Bain. Ou bien vne compofition qu'on faict auec l'infufion de rheubarbe, & vn peu de canelle, ou fpica nardi, en laquelle on deftrempe le lenitif de manne là quãtité de fix dragmes, & vne once & demy de firop de chicoree, cõposé auec le rheubarbe.

Les phlegmatiques & pituiteux, comme font ceux qui font fubiects aux rheumes & defluxions, les tablettes de diacarthami, la quantité de fix dragmes, ou vne once pour

les plus difficiles à purger, deftrempees
dans l'eau du fouphre, feruiront de medicament purgatif. Ou bien fi on veut, l'on
fera infufer du mecoacam, ou ialap la
pefanteur d'vn efcu. dãs la mefme eau : &
fur les cinq heures du matin chacun prendra felon fon naturel la medecine qu'il luy
fera propre & vtile : fe defendant du fommeil, quoy que Fernel l'aye recommandé
pour vne demy heure. Et d'autant que les
vapeurs du remede font la caufe d'vn affou-
piffemẽt : neantmoins les purgatifs font
quelque fois fi benins & doux, que fi les
malades dormoyent apres les auoir prins,
ils feruiroyẽt par la vertu digeftible du
fommeil, pluftoft de nourriture que de
medicament. C'eft pourquoy le moins dormir, c'eft le meilleur : *nam fi vis mouere*
eleborum, moue corpus Plufieurs auffi sõt
d'aduis qu'on ne donne rien à manger à

celuy qui aura prins medecine, que premierement l'operation ne foit faicte : toutesfois il fuffira de prendre vn bouïllon faict
auec des herbes refrigerantes & cordiales,
lors que le remede fera defcédu dãs l'eftomac. Ce qui fe cognoit, quand il ne dõne
plus de naufee, ou qu'on a efté trois ou
quatre fois à la chere-perçee : autrement
la viande qu'on mangeroit, fe corromproit
par la mixtion de la medecine. On doit
prendre garde d'eftre en vn lieu temperé,
& non fubiect au vent : car faifant le contraire, l'on eft en danger, que les humeurs
efmeuës & agitees par le remede, ne
foyent tirees à la fuperficielle partie du
corps, & qu'en telle attraction ne s'engendre vne plus grande maladie. A cefte caufe
on tiendra chambre : car plufieurs pour
auoir forti au iour du purgatif, font venus
en telle foibleffe & refolution des puif-

fances naturelles, qu'il a efté grandement difficile de les remettre. Or d'autant qu'on prend les Bains vn iour apres la medecine, ou la boiffon des eaux, ie diray maintenant comme l'on en vfe.

La façon & maniere comme l'on prend les Bains & les eaux.

Chap. XVI.

E iour apres auoir esté purgé, on peut entrer au Bain du souphre, ou boire les eaux : mais veu que plusieurs se seruent de la boisson l'espace de trois iours auant prendre le Bain, tant pour ouurir les obstructions des parties nobles, que pour entierement purger le corps; pour ceste cause la boisson precedera l'vsage des Bains. Donc pour commencer, apres auoir esté deuëmët medicamenté, on peut prendre les eaux, & principalement celle du souphre, & ce sur les cinq heures du matin, & la quantité de cinq à six liures, neantmoins chacun

felon la portee de fon eftomac, pour ayder la faculté purgatiue & deterfiue de l'eau. On adioufte à toutes les dofes, ou verres d'eau qu'on boit, vne dragme du fel cõmun bien puluerisé. Ayant beu la quantité prefcripte, l'on fe promeine iufques à ce que l'operation foit faiéte. Les femmes qui ne peuuent marcher ny aller aux chãps, tiennent chambre.

Le mefme regime de viure eft obferué pour les alimens, en la boiffon des eaux, que fi on auoit prins medecine : c'eft pourquoy on ne mange point de quatre heures apres, finon quelque peu d'anis confit, ou efcorce de citron, pour corriger l'odeur de l'eau fulphuree. On reïtere la mefme chofe pendãt trois iours, comme i'ay dit, attendu que ny la nature, ny le remede ne peuuent dans vne iournee expulfer tant de mauuaifes humeurs, qui fe trouuent dans les

corps cacochimes. Ce feul medicament a
efté autresfois tant recommandé par nos
Autheurs, que mefme Galien, *au liure 4.
de fanitate tuenda,* l'ordonne par fingula-
rité aux obftructions des hippocondres :
Paul Æginete pour la lepre, Alexandre
Tralian pour la colique véteufe, & Renale
pour nettoyer les vlceres de la matrice.
Les eaux ouurent les opilations des veines
mefaraïques, penetrent, efchaufent, deffeichent, & fortifient les facultez naturelles;
à fçauoir l'attractrice, concoctrice, & expul-
trice : remettent le foye & la rate en leurs
ordinaires functiõs : & par ce moyen on
euite l'hidropifie, laquelle ne prouient que
de l'intemperie de ces deux parties, gueriffent auffi les pafles couleurs des filles, &
la vermine des petits enfants. Plufieurs
font en fcrupule, & font difficulté de fe
baigner le iour de la boiffon, & c'eft fur

l'aprefdinee, ie defire les refoudre & fortir
de cefte peine.

Qu'vn chacun confidere fes forces. Que
fi on eft par trop foible, l'on aura patience
iufques à l'entiere purgation defdictes eaux.
Auffi il me femble, que c'eft en quelque
façon rompre le mouuement & action purgatiue du remede, & mefme de la nature,
laquelle eftant occupee à l'euacuation des
humeurs peccátes, eft diuertie par le Bain,
qui par fa chaleur efchaufe & reftraint le
ventre. En outre on eft fi alteré & debilité
toute la iournee, qu'eftant plus trauaillé
par le Bain, on court le danger de tomber
en quelque fieure continuë, ainfi que i'ay
veu arriuer à plufieurs, qui pour fuiure
l'opinion des payfans, & gens ignorans
qui baignent les malades, ont efté contraints de ceffer les Bains huict iours, &
iufques à ce qu'ils fuffent hors de fieure,

& plus robuftes. Cependant fi par hazard les eaux ne faifoyent point d'operation, comme il arriue le plus fouuent en ceux qui font durs de ventre, il faudra auoir recours aux clyfteres.

Qvant à la façon & maniere de prendre le Bain, il y a fix chofes, dignes de confideratiõ. La premiere eft la boiffon des eaux, de laquelle nous auons affez amplement parlé. La feconde le tẽps, ou la faifon, en laquelle on fe baigne : & l'heure du iour tant au matin, que fur l'aprefdinee. La troifieme le feiour qu'on fait dãs le Bains. La quatrieme l'irrigation, ou douche. La cinquieme les cornets. Et la derniere les eftuues. Pour la faifon, la prime, & l'automne emportent le prix fur les autres de toute l'annee : & comme on faiĉt l'entree aux Bains fur le quinzieme de Iuin, dans ce pays de Sauoye, à caufe que la regiõ fe trouue vn peu plus froide qu'il ne feroit neceffaire : auffi l'on fait la fin & la clofture fur le quinzieme d'Octobre : ou bien plus tard, fi les pluyes de l'Automne n'incommodent les malades, ou corrompent les eaux. Les mois aufquels les Bains fleuriffent, font, Iuin, Iuillet, & Septembre : Aouft, à caufe de la canicule, eft plus mauuais & dangereux.

Le temps & l'heure qu'on doit entrer dans le Bain, ie l'ay dejà prefcrite au chapitre du Regime de viure, & c'eft pour le matin feulement. Sur le foir on fe baignera à quatre heures precifement. Il eft vray qu'on peut prendre les Bains pluftoft, ou plus tard, felon la diuerfité des faifons : comme fur le printemps, vn peu plus matin, & à l'automne & mois de Septembre, d'vne heure & demie plus tard.

Povr le feiour des malades dans les

Bains, c'eſt d'vne petite demy heure : car tout auſſi toſt que le cœur māque, ou qu'on abonde en ſueurs ſur le viſage, alors il faut ſe faire porter hors du Bain : autrement on tomberoit en ſyncope : quoy que pluſieurs forçent leur courage à ſe baigner le plus longuement qu'ils peuuent, tant pour reſoudre & diſſiper leurs infirmitez, (comme quelques vns qui demeurēt dans le Bain du ſouphre, trois heures continuellement :) que pour proffiter le tēps qu'ils ont pour ſe baigner : neantmoins ces excés ne ſont bons, que pour ceux qui ſont entierement paralitiques : comme il y a trois ou quatre annees, qu'vn pauure Suiſſe, qu'on auoit apporté de par delà Geneue, ſeiournoit nuiƈt & iour dans le Bain, & n'en vouloit ſortir qu'il n'euſt recouuré le mouuement progreſſif. Ce qu'ayant obtenu du ciel, & des proprietez de ces eaux, crioit en son langage, & en plaine place, les grandeurs & merueilles de Dieu, & des Bains.

Qvand l'on sort du Bain, il faut se couurir d'vn linceul bien sec, & d'vne robe de chambre; & se mettant dans vne chaire, chacun se fait porter dans son logis, où l'on se couche dãs vn lict bien chauffé, pour suer vne bonne demy heure durant : Et si tost que la sueur commence à finir & passer, à l'instant on se fait seicher, sans prendre de l'air, ny s'euenter guieres. Ce qu'estant ainsi, le chef doibt estre le premier en dignité, & apres on suit toutes les autres parties du corps. Que si on ne peut suer, l'on doit librement se faire donner vn plain verre d'eau alumineuse toute chaude, & telle qu'õ la porte de la fontaine : car par sa grãde chaleur, les humeurs sõt attenuees & tellement rarefiees, que toſt apres l'auoir beu, on a tant & plus de fueur. Les malades peuuent faire le meſme, s'ils ſont alterez & ſitibondes, eſtant dans le Bain. Les vns ſe baignẽt quinze iours : les autres vingt, qui plus qui moins, chacun faiſant ſelon l'exigence du mal, ou les commoditez qu'il a. Quoy que ſoit, on ne doit point manger d'vne heure apres auoir eſté ſeiché, ny meſme ſortir de la chambre. Ceux qui ſe changent d'vn lict en vn autre, pour eſtre plus au ſec, ne font que bien pour leur ſanté : & meſme s'ils ſont par trop foibles, de ne prendre qu'vne fois le iour le Bain. Il y en a, qui eſtant attaints de douleurs, taſchent encores de les diſſiper par vne autre façon & vſage different des Bains, que l'experience leur a enſeigné, qui eſt par la douche, les cornets, & eſtuues, deſquels nous parlerons maintenant.

De la douche, cornets, & estuues.

Chap. XVII.

LA difference qu'il y-a entre la douche, les cornets, & les estu-ues meriteroit vn chapitre à part, pour deduire sans confusion ce qui se peut dire de leurs proprietez : mais parce que la plus grande partie des sciatiqueux, galeux, gouteux, & vlcerez a besoin des cornets apres la douche (qu'on nomme Gousse en vulgaire) il ne sera que bon de les marier par ensemble, & y adiondre par apres les estuues. Pour commencer, ie diray, que la douche est vn remede particulier, depen-dant neantmoins du commun vsage des Bains, auec arrosemēt, ou irrigation de l'eau, tant sulphuree, que alumineuse,

laquelle par l'eſpace d'vne demy heure, on fait tomber du plus haut qu'on peut, ſur la partie du corps qu'on veut ; voire meſme ſur la teſte, quoy que pluſieurs l'impreuuẽt : toutesfois Galien l'a grandement recõmandee, lors qu'il dit : *Qu'anciennement on ſoufmettoit le chef ſous l'eau chaude, tant pour guerir les douleurs de teſte, que pour eſtaindre la phreneſie de ceux qui en eſtoyent incõmodeʒ.* Auiourd'huy on enſuit cet Autheur non ſeulement pour ceſte partie du corps, ains pour toutes les autres, aſſauoir iãbes, cuiſſes, ioinctures, meſmes ſur l'eſtomac.

Or comme on prend ordinairement les Bains par tout le corps, ſans reſeruer rien que le chef ; la douche eſt ſeulement pour quelque partie d'iceluy, & ſuffit que le membre malade la reçoiue. Ce ſeroit eſtre reduit en perpetuelle peine & labeur, s'il

23

falloit vſer de ces deux remedes, auec meſme proportion & diſtribution : à ceſte cauſe l'vſage nous a enſeigné, que l'vn veut le general, qui eſt tout le corps, & l'autre le particulier, à ſçauoir vne ou deux de ſes parties. Ce ſeul remede fait, que l'eau par ſa cheute acquiert vne ſi grande force & vertu penetratiue, que lors qu'elle tombe, on la reſſent comme des flammes de feu, qui paſſent ſans rien bruſler. Auſſi par ceſte grande penetration, elle rarefie & diſſipe les humeurs les plus rebelles & opiniaſtres de nos membres, meſmes quand elles feroyẽt logees dans leur profondité & ſolidité. Elle n'a eſte inuentee pour autre fin, que pour les maladies inueterees, & pour les humeurs froides. Auſſi ay-ie veu pluſieurs, dés long temps indiſpoſez, auoir reçeu toute forte de contentement de la practique de ce ſeul remede : & entre autres monſieur d'Auſte, Commandeur General de S. Antoine à Chambery, & Auſmonier de Monſeigneur le Prince Cardinal de Sauoye, lequel eſtant ſaiſi d'vne double tierce, depuis cinq ou ſix mois, & auec ce tormenté d'vne violente ſciatique, par ſon vſage, a eſté deliuré tant de ſa douleur, que des euenements & ſymptomes erratiques de ſa fieure. Vn pauure garçon de l'hoſpital de Lyon, deuenu hidropique par la rigueur d'vne fieure quarte, porté aux Bains, a prins, par l'ordonnance qu'on luy auoit faiçt, la douche ſur ſon ventre, & vers la region de la rate, laquelle par les obſtructions luy cauſoit l'aſcites, le timpanites, & meſme la rigueur de la fieure. Or comme elle luy eſtoit diſpenſee & diſtribuee charitablement par des petits enfans deux heures de ſuite, elle a eſté ſi puiſſante, qu'elle luy a diſſipé, par ſa chaleur diſcutiue

& refolutiue, toutes les ventofitez & flatuo-
fitez de l'abdomē: &, qui plus eſt, rare-
fiant la rate par la voye du nitre, que l'eau
du fouphre poffede de plus fur beaucoup
d'autres eaux minerales, a fait vn ſi heureux adieu aux Bains, qu'il eſt pour le
iourd'huy fans enfleure ny fieure. Ie croy
& tiens pour affeuré, qu'on ne peut rien
experimēter de ſi fouuerain, pour promp-
temēt deraciner & chaffer les fieures humo-
rales & periodiques, que ces eaux: car
ceſte annee, plus de cent febricitans, dans
trois ou quatre exces, ont perdu leurs
fieures, ne fçachant où elles paffoient ſi
infenfiblemēt: la raifon pourquoy elles ne
peuuent eſtre de longue duree, c'eſt que
l'eau du fouphre defopile les parties nobles,
defquelles les fieures prennent leur origine, & comme elles font fortifiees par fa
chaleur tepide, elles retournent en la per-

fection d'vne vraye & bonne concoction.

Qvant aux cornets, qui font efpeces de ventoufes, les vns les prennent fecs, les autres auec fcarificatiō, & c'eft par la main fubtile d'vn bon & bien experimenté Chirurgien : auec la flammete. Par ce remede l'on guerit les puftules, varioles, & mauuais taint du vifage, les douleurs de tefte, le crachement du fang. On euacuë auffi la pleonexie ou plethore, mefme le fang intercutal, les hemorroïdes, & les douleurs fixes, & arreftees fur les parties du corps humain. Perfonne ne doit vfer de ce remede, qu'apres auoir māgé, fur tout deux heures apres. La raifon eft, qu'il faut eftre robufte pour prendre les cornets, attēdu qu'ils font beaucoup plus d'opera-tion d'vne feule application, que fi l'on eftoit faigné trois ou quatre fois en vn iour. C'eft pourquoy pour la grande eua-

cuatiõ qu'ils font, il n'y a point de mal,
de peur de tomber en fincope & manque-
ment de cœur, d'auoir auparauãt aydé à la
nature. Le temps auquel on les prend, eft,
deux, ou trois iours auãt que faire la
retraicte, comme la douche dans huit ou
neuf fois que l'on s'eft baigné: car ny les
cornets, ny l'irrigation au cõmencement
des Bains, ne fcauroyent profiter, à caufe
que les humeurs enchaffees dans les iointures, ne font point efmeuës du centre à
la circonference: ny mefme deftrempees,
ce que les eaux font par l'humidité tepide
de leurs naturelles proprietez, pourueu
que le temps & le loifir leur ayt efté fauorable, tant de la part du malade, que de
la prudente diftribution d'icelles. La quantité des cornets qu'on applique eft, d'vne,
de deux, & trois douzaines, felon que les
malades sõt fanguins, ou pletoriques.

Apres l'vfage des medicaments fufdits, on frequente vn iour ou deux. le Bain de l'alun, & non pour autre fin, que pour fermer & clorre tout le temps à prendre les Bains : comme auffi pour fortifier le corps, & deffeicher ce que les eaux du fouphre auroyent par trop ramoli & humecté. Le tout ainfi acheué, on fe faict donner la derniere medecine, pour vuider les ferofitez & humiditez que les Bains auroyent laiffé par toute l'habitude du corps. Sur tout qu'on ne fe mette point en chemin le iour mefme de la purgation, parce qu'il arriue tãt d'accidẽts extraordinaires à ceux qui fe foufmettent à l'indifcretion du remede & à l'iniure de l'air, qu'on en feroit des liures entiers, s'il eftoit queftion de les mettre en public. Seulemẽt ie me feruiray de celuy que nous auons cet efté dernier predit à vne d'ailleurs tref-prudente, tres-

fage & tref-vertueufe dame de Grenoble,
laquelle ayant prins vn purgatif le diman-
che auant que partir des Bains, qui n'auoit
fait aucune operation, le lundi matin elle
môta en litiere, fans côfiderer (ainfi qu'on
luy reprefenta) qu'elle auoit vn ennemy
caché dans fon corps, qui feroit biẽ toft
du mauuais, fi elle n'arreftoit fes affauts,
faisant vn peu d'auantage de feiour. Elle
mefprifant ce confeil, & paffant outre, le
remede à trois lieuës d'Aix cômence à la
purger auec tel vomiffement & flux de
ventre, qu'on croyoit qu'elle mourroit
alors. Cependant vne chaleur extranee,
caufee tant par l'ardeur du foleil, que par
l'agitation des humeurs, fe loge dans fon
corps, & excite vne fieure continuẽ, laquelle
amoindriffant fes puiffances, la fit eftre
trois iours apres tributaire de la mort, non
fans grãd regret à plufieurs de la perte

d'vne infinité de perfectiõ qu'elle poſſedoit. C'eſt pourquoy, *fœlix quem faciunt aliena pericula cautum*.

Qvant aux eſtuues, nous dirons, que comme elles ſortent des eaux minerales, elles ont auſſi des ſemblables vertus & proprietez qu'elles. Et d'autant que les eſtuues du ſouphre prennent leur origine & nature de l'eau ſulphuree, laquelle eſtãt eſchaufee dans les veines de la terre, excite des vapeurs & fumees, qui recolligees dans des lieux fort petits & bien fermez produiſent certaine maniere & façon d'vſer d'icelles, que quoy qu'elles ſoyent differentes du Bain par le nom d'eſtuue : neantmoins participent d'vn meſme principe. Pource cõme les Bains du ſouphre ſont propres à ramolir & eſchaufer : auſſi les eſtuues qui en ſortent, feront propres à fondre les humeurs froides & glacees;

24

refoudront toute forte de pituite, foit qu'elle
foit douce, acide, ou falee, vifqueufe, ou
gypfee, les faifant coulantes & fluides (ce
qu'on ne peut faire aux autres qui font
artificielles:) gueriront encores la gratelle,
gale, & fcabricie : diffiperont les douleurs
de ioinctures, deffeicherõt par les fueurs les
humiditez, & ferofitez du corps, confume-
ront le rheume, defopileront les hippocondres, & en fin feront les vrays fuccedants
des Bains.

Si les Bains d'Aix font profitables aux femmes fleriles, & aux furditez d'oreille.

Chap. XVIII.

Ovs fommes fi induftrieufement bien enfeignez par les fignes que la Nature nous a donné, pour cognoiftre la diuerfité des fexes, que fans les marques de la generation & de l'enfantement, les animaux feroyent tous confus, & on ne fçauroit difcerner le mafle d'auec la femelle; car fi c'eft pour la force du corps & de la fubtilité d'efprit, qu'on mette quelque difference entre eux, combien void on des animaux d'vn mefme fexe, entre lefquels la force eft egale, & quelque fois celle de la femelle plus

grande, comme dit Ariſtote de l'ourſe, &
des oyſeaux de rapine ? Pour la beauté de
l'ame, quoy que les Peripateticiens ayent
aſſeuré, que ſes operations ſoyent plus
nobles entre les hommes, que parmy les
femmes; neantmoins tous les Platoniciens,
& leur maiſtre Platon, *au liure 7. des loix*,
ont eſcrit auec verité, Que tous les deux
ſexes pouuoyent eſtre egalement capables
des meſmes operations & fonctions : car
l'homme n'ayant pas d'auantage d'inſtrument & d'organe dans ſon chef, qui eſt le
lieu & le ſiege de l'eſprit, que la femme,
ny la femme que l'homme, ils n'auront,
par les facultez d'iceluy, aucune diſpro-
portiõ & difference. Que ſi nous conſi-
derõs l'vtilité de la femme, ou pluſtoſt ſa
neceſſité en la propagation du genre humain,
en l'œconomie des maiſons, & pour viure
heureuſement dans ce monde, nous dirons

qu'elles ne doiuent pas eſtre nõmees du nom de Mõſtre, qu'Ariſtote leur a donné: ains pluſtoſt le premier Proieƈt de la nature: C'eſt pourquoy comme la femme n'eſt point differẽte de l'homme, que par la conception & enfantement, il eſt neceſſaire de voir ſi à celles qui ſont ſteriles, les Bains leur ſont propres & neceſſaires.

Ie le diray pourueu que i'aye expliqué d'où vient la ſterilité. La cauſe pourquoy les femmes ſont le plus ſouuent ſteriles prouient de la diſproportion & diuerſe temperature qu'elles ont auec les hommes. C'eſt l'opinion de Galien, en ſon hiſtoire Philoſophique & des Stoiciens, meſmes de Lucretius, *4. de natura*, d'Ariſtote & d'Albert le Grand, *au liure 16. de animantibus*: accident qui ſort & naiſt de la nature intemperee de la matrice, ou de l'indiſpoſitiõ de tout le corps, ou de quelques parties d'iceluy : quelque fois de quelque qualité occulte, comme Rafis *3. continentis*, & les Arabes ont efcrit. Touchant l'intemperie tant du corps que de la matrice de la femme, Hippocrates *au 6o. aphorifme, feƈion. 1. dit :* Que la matrice, qui fera par trop chaude, feiche, & humide, ne pourra iamais conceuoir; attendu que fi elle eſt chaude & feiche par exces, la femence de l'homme fe confume : fi trop humide, elle fe noye : fi froide, le froid eſt ennemy iuré des operations de nature : par confequent il faut qu'elle foit temperee, & ne participe de l'extremité d'aucune de ces qualitez. C'eſt ce que Galiē a rapporté en ces termes expres : *Cùm mulier vterum temperatum habet, fœcunda eſt; cùm intemperatum, ſterilis : ſi verò modicè intemperatus extiterit, concipit quidem, ſed difficulter.* Ce qu'il confirme par l'exemple

de la terre, laquelle fi elle eft par trop
efchaufee, comme proche des fornaifes, ou
pres de la fource des Bains, ne produit
rien : fi par trop humide, l'abõdance de
l'eau eftoufe le grain : fi feiche, les pierres
ne fçauroyent produire : fi extrememens
froide, comme vers la Zone gelide & gla-
ciale, ou en plufieurs lieux Septétrionaux,
elle eft fterile. Il y a auffi plufieurs autres
caufes, qui rendẽt les femmes infertiles : à
fçauoir, l'air immoderé, les mouuements
du corps extraordinaires, le trop grand
repos & oyfiueté, les paffions dereglees de
l'ame, la volupté exceffiue, & le boire &
manger fuperflu. Ariftote, Prince des Philofophes, l'a tres-biẽ cognu, quãd il a
dit, *au 4. l. de generat. animal.* Que plufieurs femmes, aux lieux grandement froids,
deuiennent fteriles. Ce que confirme Hipocrates, *au liure de aëre & aquis*, difant,

Que l'vfage des eaux froides, & l'air fem-
blablement froid, empefchent aux femmes
la cõception. Galien voulant interpreter le
dire de fon precepteur, adioufte (ainfi que
Rafis refere *9. continẽtium*,) Que de fon
temps plufieurs femmes à Rome eftoient
deuenues infecondes par l'immoderee reple-
tiõ du boire & du manger. Pline rapporte
fur ce fubiect : Qu'il y auoit vn certain
vin, qui rendoit les femmes fans enfans :
mais ce n'eftoit pas cefte tant agreable
liqueur ny fa qualité qui les faifoit telles;
ains pluftoft l'exces à boire, & la quantité
qui produifoient tels effets contre la nature.
Auffi void-on les femmes adonnees au vin
& à l'iurõgnerie, eftre raremẽt fertiles.
Plufieurs aliments caufent le mefme que
le vin, non feulement prins en trop grande
quantité : mais encores de leurs propres
effences, comme font ceux qui excedent

en quelque qualité extreme fur le chaud,
humide, & froid. C'eſt la fentence du diuin
Hipocrates, *au liure 2. de dieta*, & d'Ariſtote, *au 2. de ſes problemes*, lesquels diſent,
Que la menthe, à cauſe qu'elle eſt grandement feiche, deſtruit la geniture. Auicenne
en dit autant des viandes qui font acides,
& aigrelettes. Nous ſcauons auſſi, que les
tumeurs de la matrice, les vlceres qui s'y
font, & la fuppreſſion des menſtrues caufent l'infertilité : quoy que i'aye veu trois
femmes en Dauphiné, qui ne fachant que
c'eſt des purgations lunaires des femmes,
ont de fort beaux enfans : mais *rara non
ſunt artis.* Neātmoins nous auons nos
Bains pour vray remede d'abondance &
fertilité, lefquels ie preuūeray par deux
raifons eſtre beaucoup profitables à ces
arbres infructueux.

Premierement par l'experience, qui eſt

le folide fondement de la fcience, *nam per frequentatos habitus acquiritur fcientia, & firmum veritatis fundamentum :* car nous auons veu vne quantité de femmes, n'ayant iamais peu auoir d'enfãs, lefquelles par le feul vfage des Bains, ont efté fertiles. De fraiche memoire deux dames de Grenoble prindrent fi bien feu dans les Bains, qu'on les croyoit hidropiques, mais c'eftoit d'vne enfleure de neuf mois. Secõdement par les regles & axiomes de la Medecine, *Que toute maladie doit eftre guerie par fon contraire.* Or comme la fterilité prouient de l'intemperie des qualitez predominantes au temperament de la femme, foit qu'elle prouiẽne des tumeurs, vlceres, fuppreffiõs des menftrues, de la volupté immoderee, & des paffions dereiglees, & plufieurs autres caufes : neantmoints elle peut eftre fi bien corrigee & reduite fous la proportion & direction d'vne parfaicte nature, qu'eſtant priuee de tous les exces dereglez, acquiert en ſes operations toute ſorte de conſeruation & propagation de ſon eſpece. Ce qui luy eſt accordé par les diuerſes proprietez & qualitez meſlangees des eaux minerales : car elles eſchaufent, deſſeichent, humeétent, & fortifient, auec vne admirable & agreable diſtribution de leurs facultez : comme auſſi, ſi c'eſt pour ouurir & dilater les obſtruétions & opilations des parties nobles des femmes, elles teſmoigneront pour lors qu'elles ſont non moins promptes à ſemblables effeéts, que propres à vne infinité d'autres.

Qvant à la ſurdité, qui eſt vn grade parfaiét ſur la durté, imbecillité & difficulté d'ouye, on tient qu'elle eſt cauſee par la ſolutiõ de continuité, ou intemperie, & mauuaiſe cõformation du nerf auditif. Ce

qu'on remarque par les accidents, qui fur-
uiennent des caufes internes & externes
d'icelle, comme par le moyē des defluxiōs,
des grandes pertes de fang, qui furuien-
nent aux femmes, aufquelles les efprits
animaux fe diffipent : & des acouchemens
où elles font mal conduites & gouuernees,
& des purgations fupprimees. C'eft l'opinion de Galien, *au 3. de fimptomatum
caufis*, où il dit : Que les humeurs rem-
pliffans le cerueau de phlegmes & d'vne
pituite tenace (comme celuy des femmes)
bouche & obture d'vne telle façon l'organe
du fens de l'ouye, à fçauoir, le nerf auditif,
& le *timpanū auditus*, que les fons des
chofes externes ne fe peuuent entendre :
or d'autant que cela fe fait par le rheume
ou defluxion qui eft la mere & origine des
maladies du corps humain, felon qu'elle
occupe le nerf, ou que les efprits font

portez au dedans d'iceluy, l'on y entēd
quelque fois plus, quelque fois moins.
Ceſte doctrine eſt confirmee par experience,
qu'on donne de la taupe, laquelle y entend
parfaictement bien, & n'y void rien, c'eſt
que la collectiõ des eſprits, eſtant en elle
plus grande, fait que le ſens de l'ouye eſt
plus parfaict. De ce diſcours nous pouuons
tirer la cauſe conioincte de la difficulté, &
imbecillité d'ouye; meſmes de la ſurdité
parfaicte, ſi les eſprits ſont entieremēt per-
dus : c'eſt pourquoy en ceſte action deprauee,
ou du tout abolie, on demande ſi les Bains
pourroyent proffiter & corriger le man-
quement du ſens de l'ouye, ou bien la guerir,
eſtant eſtainte & ſuffoquee par la paraliſie
de ſon organe ? A ce ie reſpon, & dy apres
pluſieurs bõs Autheurs en la Medecine,
que les Bains ne peuuent aucunement faci-
liter l'ouye, la ſurdité eſtant formee. Ma

raiſon eſt fondee ſur ce theoreme, qui nous enſeigne, Que toute eau eſt froide & humide. Or le froid eſt ennemy des nerfs, des veines, cartilages, du cerueau, & de la veſcie, par conſequent les eaux thermales ne ſçauroyent de rien aduancer en ceſte indiſpoſition. Que ſi on veut dire, que les eaux ſont chaudes, ie ſatisferay au curieux, luy reſpondāt que ce n'eſt que par accident, lequel peut eſtre & n'eſtre pas en ſõ ſubieſt : par conſequent les Bains n'auront aucune vtilité. Pour les eſtuues, encores moins, attendu que ſi on met le chef dans icelles, elles aggrauēt le cerueau de pluſieurs humiditez : & donnent de douleurs de teſte ſi grandes, que pour peu de froid externe qu'on ſente, on deuiēt plus ſourd qu'auparauāt. C'eſt l'authorité & ſentence d'Alexandre, de Galien, & d'Antonius, *1. Problematum, cap.* 7. Que ſi quelqu'vn

dit auoir reçeu de l'amandement en l'imbecillité & durté d'ouye, i'attribue le tout à
la qualité occulte des eaux, ou aux merueilles de Dieu, qui fait paroiftre les operatiõs hors le cours cõmun de la nature.
Ou bien fi l'on veut la puiffance du fens
auditif, n'eftãt en l'imbecillité d'ouye encore
morte, peut receuoir quelque foulagement,
tant par la chaleur accidentelle des Bains,
que par la deliurance des obftruétiõs du
mefme nerf, defquelles les humains par les
vertus penetratiues, remolitiues, & deterfiues des eaux, peuuent eftre foulagez :
mais en cela il faut que *ætas, tempus,
vitæ ratio, & optima corporis conftitutio
confentiant.*

Si les Bains d'Aix ont quelques proprietez plus particulieres pour guerir la gale, lepre, goutte, sciatique & verole, que celles ià dittes.

Chap. XIX.

Ovt ainsi que la perfection du corps consiste en la bonne conformation, situation, & temperature, tãt des humeurs, que des parties qui le composent : aussi la disproportion & intéperature font tel diuorce en luy, que quelque fois, & le plus souuent, on void plusieurs personnes transmuees en des formes & figures du tout estranges, voire en des saletez si grandes, qu'elles deuiennēt lepreuses, galeuses, vlcerees, estiomenees ; maladies prouenantes de l'imprudent

& dereglé regime de viure, comme aux
enfans & ieunes perſonnes, qui prennans
beaucoup d'aliments, & plus qu'ils ne
peuuent digerer, engendrent des mauuaiſes
humeurs, qui cauſent les accidents ſuſdits:
comme encores les violents & immoderez
exercices : & les exces qu'on fait à boire
des vins trop puiſſants, & à māger des
viandes eſpicees, ſalees, acres, & mordi-
cātes, telles que ſont les oignons, ails, &
porraux, qui ſeruent de cauſe primitiue à
produire au corps non ſeulemēt la deman-
geiſon & la gale, ains des dertes, vlceres,
& quelque fois la lepre. La raiſon eſt, que
la plus grande partie de ces aliments,
deprauant le ſang par leur grande chaleur
& acrimonie, de nutritifs & alimenteux
qu'ils doyuent eſtre, ſe font excrementeux,
& pource le ſang degenerāt de ſa bōté naturelle, coulant par le moyen des veines en

26

toute l'habitude de la peau, la putrifie, la
corrompt, & engendre en elle vne infinité
de deformitez & faletez extraordinaires :
à fçauoir, aux vns la lepre, fi le fang deuiēt
par trop aduſte : aux autres la gale, les
vlceres, & la fcabricie, s'il abonde en vif-
cofitez, & humiditez fuperflues. Ces incommoditez, quoy qu'on les iuge particulieres
aux vns, elles peuuent neantmoins eſtre fi
contagieufes, que de degenerer en vniuer-
felles. C'eſt Alexandre le Philofophe, qui
l'a ainfi enfeigné *au 2. de fes problemes,*
chap. 45. où il explique comme la gale fe
fait contagieufe. C'eſt, dit-il, que de la
fuperficie du corps en fort vne humidité
vifcide & tenace, laquelle adhere aux corps
prochains & voifins, & par fa communi-
catiõ fe change de l'vn à l'autre : par ainfi
de fpecifique, ou particuliere qu'elle eſtoit,
deuient generale, courant par toute l'efpece.

Opinion que Galien confirme *au 7. aphor.*
& en son liure *de tumoribus præter natu-*
ram, chap. 13. comme aussi en celuy *de*
simplici medicina ; ausquels il dit, Que la
gale prouient d'vn suc, ou sang melanco-
lique, qui est fort terrestre, grossier, &
crasse, lequel estant putrefié par sa malignité, se fourre & loge par tous les corps,
& principalement en ceux qui sont disposez
à la receuoir. Et bien qu'il y aye plusieurs
remedes en la Medecine, qui peuuent estre
fauorables à telles & semblables super-
fluitez : toutesfois les Bains des eaux minerales sont si bons, propres, & particuliers
pour ces infirmitez, que dans vn iour ils
font plus d'operation à desseicher ces humiditez & serositez excrementeuses, que tous
les medicaments d'icelle, dans quinze.
Ils ont en outre vne vertu si detersiue,
qu'ils ostent & empeschent la putrefaction

des humeurs : & par ainſi peuuent ſans
aucun danger, contre l'ordinaire des autres
remedes, qui chaſſent le venin de la gale
au centre pluſtoſt qu'à la circõferéce du
corps, merueilleuſement profiter aux defor‑
mitez, qui ſortẽt tãt de la gale, des vlceres,
lepres, & dertes. Que ſi la chair des viperes
ſert de tant aux lepreux, que meſme plu‑
ſieurs attaints de ceſte infirmité ont eſté
gueris par ſon vsage, nos eaux minerales
feront autant & plus : veu qu'elles chaſſent
le venin des ſerpents, qui eſt beaucoup plus
dangereux que n'eſt ceſte indiſpoſition :
car auec la lepre, on peut iouyr d'vne aſſez
longue vie, quoy que facheuſe & triſte : &
pour l'acrimonie & malignité du venin des
ſerpents, mourir ſoudainement. En outre
ſi on donne quelque amandement & ſou‑
lagement aux lepreux par les medicaments
ſudorifiques, les eaux thermales, qui

efmeuuent les fueurs en plus grande abondance que tout ce qu'on fçauroit dire, ny
alleguer de la medecine, auront par fingu-
larité particuliere, la proprieté de profiter
non feulement aux galeux, mais encores
aux lepreux.

Qvant à la goute & fciatique, le plus
grand tiran & bourreau qui ayt oncques
efté, c'eft la douleur qu'elles caufent,
laquelle faififfant les hõmes par l'intemperie des humeurs, ou par quelque qualité
furabondante du tout contraire à leur
repos, fait qu'ils fe tourmentent, & crient
iour & nuiçt : & non fans caufe, car les
defluxions tombans fur diuerfes parties du
corps, & principalement aux iointures, fi
elles fe trouuent malignes, rebelles, &
acres ; les nerfs, tendons, veines, mufcles,
& cartilages en font tellement violentez,
qu'il faut que la patience ferue quelque

fois de remede à leur rigueur. Et d'autant qu'il s'agit de retenir tant l'humeur excedante, que le rheume & diſtillation qui cauſent ces inquietudes & mouuements extraordinaires, que les hommes ont en ſemblables douleurs, & les remettre en quelque moderation, il n'y a inuentiõ, ny moyen plus propre, que les Bains : veu que ſi la qualité de la matiere peccante de l'humeur qui fait la goute, ou la ſciatique, (quoy qu'elle ſoit diuerſe) ſe trouue de nature vitieuſe, à ſçauoir, acre & chaude, les eaux d'Aix par leur douce tepidité eſtaindront ſa fureur & malice. Si encores ſãguine, pituiteuſe, & phlegmatique, elles corrigerõt les exces de ces humeurs, par la bonne temperature qu'elles ont accouſtumé de produire : car quoy qu'elles ſoyent ſalees, nitreuſes, chaudes, & ſulphurees : neantmoins auec toutes ces qua-

litez, elles ont vn meſlange & vnion
parfaicte, qui ſe communique non ſeulement aux parties de nos corps, mais aux
humeurs les plus opiniaſtres & indõpta-
bles. Elles ont encores ceſte proprieté naturelle, que de ceder les douleurs : & de
plus, reſoudre, cõſumer, & diſſiper les
enfleures, & tumeurs que les douleurs artri-
tiques cauſent : c'eſt pourquoy nos Bains
de toute leur nature ſeruiront aux poda-
gres, & à ceux qui ſont ſubiects aux ſciatiques.

Povr la verole, quoy qu'elle ſoit vne
maladie plus particuliere à toute l'eſpece
des hommes, qu'aux autres animaux du
mõde, auec toute ſa malignité contagieuſe,
elle peut eſtre nõ moins medicamentee par
nos eaux, que par les diaphoretiques, deſquels nous auõs accouſtumé d'vſer : &
pourueu qu'on ayt eſté auparauant purgé,

& faict quelque forte de diete cõuenable à
cette fale & infame infirmité, alors les
Bains, par leurs qualitez refolutiues,
refoudront & ramoliront les reliquats, que
cefte impure maladie laiffe aux parties
interieures. D'auãtage, le phlogofis virulent
de la verole, qui eft tellement attaché parmy
les ioinctures, que fi l'on n'a quelque chofe
qui le puiffe deftremper, dificilement quitte-
il iamais prife; les eaux de nos Bains y
ferõt puiffantes, pourueu que def-ja le venin
de la matiere verolique foit eftaint par les
falutaires remedes de la Medecine. Autrement tant s'en faut que Bains foyent benins
à ce mal, qu'au contraire irrité par leur
chaleur, il fe renforcera, & tourmentera
plus qu'auparauant fon fubiect. Nous
auons recognu cette experience en plufieurs
qui font venus non defpeftrez de telle
puante crotte, qui y ont efté fi rudement

accueillis, qu'ils n'ont eu plus grande hafte
que de s'aller ietter fous l'archet de quelque mieux fecourable Chirurgien. Que
perfonne doncques ne s'abufe, celant aux
Medecins les ieux veneriens, où ils ont
gaigné ce defaftré benefice, & non pre-
texter leurs fciatiques, goutes, ou defluxions
en vne efpaule, cuiffe, ou genoil, (ainfi que
trop de Gentils-hommes font) du trop
violent exercice de la chaffe, de l'iniure &
rigueur de l'air trop foufferte, ou trop
grande abõdance d'humeurs : car cáchants
le ferpent de verole fous l'herbe, s'ils en
font rigoreufement picquez & traiétez, ils
ne doyuent addreffer leurs plaintes qu'à
eux, & non blafmer les Bains, & les Medecins, qui veritablement inftruits ne man-
queroyent de leur donner des bons aduis,
& prefcrire des remedes conuenables à la
guerifon de leur mal.

Si les Bains de souphre peuuent guerir le venin du corps humain, aussi bien que celuy des serpents.

CHAP. XX.

LVSIEVRS excellẽts Autheurs en la Medecine ont agité ceste dificulté, qui n'est pas petite : à sçauoir, si dãs le corps humain se pouuoit engẽdrer du venin, cõme il se void au dehors d'iceluy. Le benin lecteur aura pour aggreable s'il luy plaist, d'en lire icy mon sentiment.

GALIEN parmy eux a dict, *au 6. de loc. affect. chap. 5.* en paroles bien expresses, *Qu'il y-a deux choses en l'homme, lesquelles se peuuent conuertir en venin : l'vne la semence, & l'autre le sang polu, & menstrual des femmes.* Apres plusieurs raisons qu'il donne de fon dire, il rapporte l'experience des taches d'vn miroir, y empraintes par la veuë des femmes contaminees de cefte impureté : Et le detriment qu'elles apportent aux herbes, qui meurēt pour peu qu'elles foyent touchees par la malignité corrompuë du fang fuperflu qu'elles vuident. C'eft auffi vne chofe fort veritable : Que par leur cõmunication les hommes tombent, & principalement lors qu'elles font polues, en des maladies quelques fois mortelles, voire deuiennent lepreux. C'eft pourquoy du temps d'Hefiode & des Hebrieux, il eftoit deffendu, par loy expreffe, aux hommes, d'entrer au bain, où les femmes taintes de leur pourpre s'eftoyent baignees. Solin & Pline confirmēt cefte opinion, difant, *Que le fang corrompu des femmes fe conuertit en pur venin.*

Il y-a auſſi d'autres raiſons, qui combattent l'opinion de ces anciens Autheurs. La premiere, que tel venin ne ſe peut engendrer dans le corps humain, attendu qu'il faut que la chaleur naturelle, ou contre nature ſoit cauſe efficiente & productrice d'iceluy. Pour la naturelle, il eſt impoſſible qu'elle ſe meſle de ceſte action, veu qu'elle eſt cauſe de vie & de ſanté, pluſtoſt que du venin : & puis *tendit ſemper ad ſui conſeruationem, non autem ad interitum & perniciem.* Pour celle qui eſt contre nature, on monſtre qu'elle ne peut cauſer vne choſe ſi dõmageable que le venin. La raiſon eſt, qu'elle ne peut operer par deſſus ſa puiſſance : ce qu'elle feroit, ſi elle le produiſoit : car la force du venin excede, & eſt plus grande que la vertu & puiſſance de la chaleur contre nature. La ſeconde, Qu'il n'eſt pas veritable, que la

femence en l'homme fe puiffe tant cor-
rompre, qu'elle aquiere vne nature &
qualité veneneufe : d'autant que fi cela
eftoit, tant de vierges de l'vn & l'autre
fexe, qui fuyẽt l'impudicité, en feroiẽt
offẽcees : ce qui n'eft pas : & quoy qu'elles
foyent abondantes en matiere feminale,
elle eft fi douce & benigne, qu'il n'eft pas
croyable qu'elle fe puiffe changer en venin.
Pourquoy eftime-on que les polutions
nocturnes foyent procurees & efmeuës de
la nature, finon pour vuider & purger fa
trop grande quantité, à laquelle les hommes font plus fubiects que tous les autres
animaux de la terre ? Pour marier donc &
vnir par enfemble les deux opinions, il
faut confiderer le venin, qui fe fait au
corps humain, ou tout pur, ou vne chofe
femblable au venin. Le vray & pur eft
cõme celuy de la vipere, du napellus, ou

des phalanges & autres ſerpents : mais qu'il ſe puiſſe engendrer en l'homme, il eſt incroyable : & n'y a raiſon de Philoſophie, ny de Medecine pour le cõtraire. Qu'il ſe forme & engendre des humeurs, qui ont quelque ſympatie, & ſemblance auec le venin, il n'eſt que trop veritable. Et c'eſt ainſi que Galien doit eſtre entendu : car qu'il y en ayt qui meurent quelque fois auſſi ſoudainement, que ceux qui ſont empoiſonnez, ce n'eſt que par la qualité maligne & deprauee des humeurs, qui ſe font engendrees cõme venefiques dans leurs corps. Le meſme Galien le confirme *au 3. des epid. text. 75.* où il parle d'vn phrenetique, qui mourut au troiſieme iour de ſa maladie, qu'il n'aduoüe pas eſtre mort de la phreneſie, ains par le moyen des humeurs deprauees & veneneuſes, qui le plus ſouuët trouſſēt auſſi toſt leurs

hŏmes, que les venins les plus mortels.
On apporte vne autre raifon, qui fait comprendre cefte fimilitude & refemblance des
humeurs auec le venin : qui eft, Que de
mefme que par le poifon on tombe en des
grands & tres-violents fymptomes : ainfi
par les humeurs malignes & mauuaifes,
l'on eft fi rudemēt violēté, qu'il eft impoffible de l'eftre d'auantage. Les douleurs,
les lipothymies, les furies & alienations
d'efprits, que les hommes experimentēt,
en font tefmoings. Il y a encores vne autre
raifon, qui fait entēdre la mefme chofe, fi
elle eft cognue. C'eft que les vrays venins
corrompent & putrefient le corps : les
humeurs de mefme.

Ayant donc veu comme les hŏmes
peuuēt eftre venins de leur propres vies,
il faut fçauoir fi les eaux fulphurees les
pourront guerir, & eftre le vray alexiphar-

maque, comme ils le font aux ferpēts.
Nous auons par axiome & theoreme certain, que *Quod potefl maius, potefl & minus.*
Les operations des eaux minerales, &
principalement celle du fouphre, eftant
plus grande en la correction du vray venin
(tel que celuy des viperes,) que de fon
image & reffemblance, (comme eft celuy
qui s'engendre dans le corps humain,)
elles pourrōt fans doute fatisfaire auec
moins de peine, par leurs admirables &
du tout inexplicables proprietez, non feulement à la guerifon des humeurs putrides
& veneneufes du corps, mais encores à
noftre curiofité. Que fi on me preffe d'auantage, & qu'on veuille fçauoir de moy, d'où
peut proceder cefte vertu cardiaque, qui
fe trouue aux eaux thermales ? ie diray,
que ce n'eft ny la chaleur de l'eau du fouphre, ny fon odeur : mais le meflange du

bitume, qui de ſa propre & particulière
nature corrige le venin des ſerpents, &
fait en ceſte action tout autant que la rhue,
le bol d'Armenie, la terre ſelee, le bezoart,
le zedoaria, le dictamé cretique, le ſcordiũ,
& les ails, qui par qualitez & proprietez
occultes produiſent tels & ſemblables effects.

*Si les eaux du Bain du soupbre peuuent
corriger & tuer les vers des
petits enfans.*

Chap. XXI.

A vie de l'homme eſt ſi peu de
choſe, que ſi on la côtemple de
pres, on verra qu'il n'y-a rien
au monde, qui ſoit plus combattu & con-
trarié qu'elle. Et ce qui l'afflige plus couſtu-
mierement, eſt la quantité & diuerſité des
petits animaux, comme vers, ou lombriques, qui naiſſent dans ſon corps, & deſquels perſonne ne ſe peut redimer qu'auec
grande difficulté. Car quoy que Theo-
phraſte aye dit, *en ſon 9. liure de l'hiſtoire
des plantes*, que les Thraciens & Phry-
giens ne ſont aucunement ſubiects à la
production de tels animaux, ny encores les

Thebains entre les Grecs, il eſt impoſſible qu'aucune partie de la terre habitable ſoit exempte de ceſte corruption. La raiſon eſt, qu'à tout homme peut ſuruenir en tout temps, (aux vns plus, aux autres moins) des cruditez d'eſtomac, qui ſeruent de matiere coniointe & commune à la production des vers : aſliſtee toutesfois tant de la chaleur natiue de nos corps, que de la celeſte, qui leur donne la vie, & la forme, l'vne comme agent vniuerſel : l'autre comme particulier : ce qu'eſtant, il n'y aura region ny partie du monde, qui en ſoit exempte. Que les humeurs cruës & indigeſtes en ſoyent la cauſe materielle, Galien *au 3. aphoriſm.* & Auicéne *en ſon 16. tertij tract. 5.* ſont caution de mon dire, qui aſſeurent le meſme que moy. Alexandre le Philoſophe, *en ſon epiſtre des vers,* Paul Æginete, & Columela entre les Latins, *en ſon liure 6. chap. 28.* y ſoubſcriuent. Mais parce que les aliments corrompus & putrides ſont les premices de la matiere cruë qui engendre ces animaux, non tant aux hommes, que particulierement aux petits enfans, leſquels pour la voracité & auidité en leur mãger & boire, ne peuuent tant digerer & cuire qu'ils en prennent, le reſte qui eſt ſuperſlu dans leurs eſtomacs ſe corrompant, engendre ſi grande quantité de vers, qu'ils tombent en des ſymptomes & accidents tres-eſpouuëtables & mortels. Car outre les fieures continues, les flux de ventre, les morſures, les inquietudes, & conuulſions, que les vers cauſent, voulant ſortir hors du corps, eſtranglent quelque fois la perſonne & donnent ſi imperceptiblement & ſoudainement la mõrt, qu'on ne ſcait à quoy l'imputer. Ce mal n'eſt ſi particulier aux petits enfans, que les hommes n'en foyent attaquez. L'experience en eft fi vulgaire, que ie n'ay befoin de m'arrefter d'auantage en cefte queftion. Ie la conclurray donc, auec ce premier liure, affirmant, Que l'eau fouphree empefchant la putrefaction des humeurs corrompues, & corrigeant les cruditez aux ventricules, peut non feulement diffiper leur matiere, mais encores fuffoquer & eftaindre toutes fortes de vers & lombriques, qui feroyent engendrez dans nos corps. Nous auons remarqué que les ferpés viuent & fe nourriffent dãs cefte eau, y perdant leur venin : & au contraire les vers y meurent auffi toft qu'on les y iette. Si doncques l'on veut deliurer quelqu'vn de tels animaux, il ne faut que deftremper deux ou trois gouttes d'huile de fouphre dãs vn pot d'eau de fontaine, & luy en donner à boire. On verra les effets de ce mineral eftre fi grands, qu'il n'y aura vers au corps qu'il ne tuë. Ce que ſon eau minerale ſera auec vne plus haute faculté & proprieté, veu qu'elle eſt iointe au nitre, bitume, & ſel, par le meſlange deſquels elle eſt rendue plus puiſſante à corriger les euenements & accidents malins. L'on pourroit amplifier ce chapitre du rapport de pluſieurs autres queſtions touchant les ſymptomes que ces animaux donnẽt, particulierement pourquoy la nature les engẽdre : mais ce ne feroit que trop lõguemẽt retenir le Lecteur, deſireux de ſçauoir les particularitez du Bain d'alun. Ie ceſſeray doncques à parler d'auantage du Bain ſulphuré, pour traicter de l'alumineux.

LE
SECOND LIVRE
DES MERVEILLES
DES BAINS D'AIX
EN SAVOIE

Du Bain d'Alun.

CHAPITRE I.

Es Bains ont esté autresfois
parmi les Romains en telle
estime & valeur, au rapport de
Celse, que tous ceux qui possedoyent quelques moyens & commoditez, en auoyent
dãs leurs maisons : non à autre dessein,

que pour conſeruer leur ſanté. Ils furent
rendus ſi fameux, que meſme les Empe-
reurs en voulurent auoir de particuliers,
qu'ils ornerent de ſi ſuperbes & magnifiques
baſtiments, qu'on ne pouuoit rien voir de
plus riche : comme Commodus, Gordian,
& Galien le ieune, au rapport de Capito-
linus. En apres les Conſuls de Rome,
aux deſpēs de la Republique, en firent
conſtruire des publics, dans leſquels les
pauures & les riches s'y baignoyent : Mais
en cet vſage ils ſe rendireñt tous ſi delitieux
& voluptueux, qu'outre les ſomptueux ban-
quets & feſtins qu'ils y prennoyent, ils y
introduirent la compagnie des femmes
impudiques, *ne voluptatis lenocinio quid-
quam deeſſet*, & toutes ſortes de ieux,
paſſe-temps, & recreatiõs, apres leſquelles
s'eſtant fatiguez & laſſez, ils entroyent dans
les Bains, non vne ſeule fois le iour; ains

plufieurs, & en tout temps & faifon. Or comme les Romains s'eftendoient parmi le monde par la guerre, & leurs frequentes conqueftes, ne pouuant quitter leurs bains ordinaires, ils drefferent la plus part de ceux qu'on a veu, & void-on encores auiourd'huy en la Gaule Celtique, Flandres, Italie, & parmi les Saxons, voire en toutes les colonies. Mais cõme ils commencerent à diminuer & perdre leur puiffance & authorité, on ne veid prefques plus de Bains, ny leur vfage, & moins leurs fomptuofitez & exces voluptueux. Que fi quelques vns en refterent, ils ne furent plus que pour efchaufer & humeɗer le corps. Car n'ayant que l'experience de l'Hygienee, qui leur monftroit de fe maintenir en fanté; ils ignoroyent la Therapie, à fçauoir, la façon & methode de guerir les maladies par iceux. Toutesfois apres eux, le defir de fçauoir pouffant les plus curieux à rechercher & defcouurir les profonds & cachez fecrets de la Nature, l'on fceut beaucoup de leurs proprietez, non feulement à entretenir le corps en bonne difpofition, ains encores pour le foulager & guerir, luy furuenant quelque infirmité. Pource fit-on feparatiõ des Bains, dans lefquels les anciens fe baignoyent confufément & indifferemment : & commença-on à fe feruir de celuy du fouphre, du nitre, & alumineux à la guerifon de differẽtes & du tout cõtraires maladies : En quoy reüfiffant merueilleufement bien, la practique en a continué iufques à noftre temps. Elle feroit fans doute meilleure, & plus heureufe, fi l'on en vfoit comme il faut. En quoy ie tafche de tout mon poffible, (defireux du bien & fanté publique) d'inftruire vn chacun en cette petite œuure, en laquelle ayant traicté affez fuffifamment, ce me femble, du Bain du fouphre, & de fes vertus, ie fuis obligé de pourfuiure de mefme des autres. Doncques venant au Bain alumineux, i'examineray, felon mon ordre accouftumé, fes proprietez.

De l'Alun.

Chap. II.

'Alvn eſt vn excrement de la terre, qui ſe fait de l'eau, & de la ſaumeure, ou eſcume de ſon limon. Ceux qui en ont eſcript en marquent de trois ſortes : à ſçauoir le foſſile, le rond, & l'humide, qu'on a nommé Alun de roche, alun de plume, le troiſieme eſt tout blanc & rõd, rempli de pluſieurs capilaments & filãdres, que les femmes appellēt fleur-d'alun, lequel eſt plus aſtringent & friable, & auſſi plus chaud & deſſicatif, que les autres. Les trois eſpeces d'alun ſe trouuent ſeulement dans les ſodines des metaux. Les artificiels, comme le ſucca-rin, le catin, ou ſcaïola (deſquels parle Brancaleone) n'appartiennent à ce Traiⅽté,

ayant fort peu de proprietez & vertus, au moins non tãt que l'alun mineral, qui les a grãdes & tres-manifeſtes: car eſtant compoſé d'vne partie terreſtre, & d'vn limõ vn peu bitumeux, & allumé dans les entrailles de la terre, il eſchaufe ſi fort l'eau qui en fort, qu'elle retient & produit en ſes operations la meſme vertu & faculté de ſon agent. Ce feu bruſlant dans la terre, eſt entretenu par le bitume des mineraux, auec meſme duree que les eaux, qui ont leur flux continuel, & paſſant pres iceux, y coulent voirement froides, mais en ſortent chaudes.

Qv'il y ayt vn feu ſouſterrain, qui bruſle continuellement depuis tant de ſiecles, le mõt-Gibel en Sicile, ceux de Chymera, & Herpheſtia en Lycie, montagnes qui bruſlent depuis ſi lõgtemps, le demõſtrent clairement. Car quoy qu'elles

foyent prefque toufiours couuertes & remplies de neiges : neantmoins l'Autheur de
la nature leur a donné vne matiere fuffi-
fante, qu'il produit par la propagation &
regeneration fucceffiue des mineraux, pour
s'entretenir en mefmes exhalations ignees
& combuftibles. Ariftote l'a ainfi enfeigné,
au liure de mundo, difant : Qu'il y-a de
feux fous terre, qui efchaufent les eaux qui
paffent au pres d'eux, & felon la diftance
du lieu, les vnes font fort chaudes, les
autres moins, & quelques vnes temperees,
& comme tiedes. Touchant le temps que
le feu agit dans la terre, aucuns ont
aduancé, que c'eftoit depuis le deluge,
ainfi que Bacius Romain, qui ne croit pas
que les eaux ayent efté chaudes dés le
commencement du monde, & par confequent qu'il n'y auoit aucun feu foufterrain.
Les autres difent le contraire, & plus pru-

demment, Que tout auſſi toſt que le
bitume fut creé de Dieu, à l'inſtant les eaux
minerales furent chaudes. Outre ce les
riuieres & fontaines ayant eu touſiours
leurs cours & flux ordinaires & ſucceſſifs,
tant dedans, que hors la terre, nous pouuons doncques dire veritablement, qu'elles
ſont chaudes dés la premiere fabrique de
cet Vniuers : & qu'elles operent encores
les effets qu'elles auoyent auparauant, &
ont touſiours le feu ſouſterrain pour eſprit,
& pour matiere les mineraux combuſti-
bles : entre leſquels l'Alun eſtant, il ſera
par conſequent chaud & ſec, & vtile à pluſieurs ſortes de maladies, ainſi que nous
verrons examinant les qualitez & proprietez
de ſon eau.

Les qualitez & proprietez de l'eau alumineuse.

CHAP. III.

'EXPERIENCE a ie ne sçay quelle authorité parmy les caufes naturelles, qu'elles ne peuuent eftre cognuës, fi elles ne font experimentees. Auffi les eaux thermales ferõt de nulle eftime & valeur, fi en cognoiffant leur origine & fource, nous ignorons leurs effets & proprietez, aufquelles cõfifte l'acquifitiõ de la vraye fcience. C'eft vn grand theatre que la Nature, fur lequel les vegetaux, reptiles, animaux fenfitifs, raifonnables & irraifonnables ioüent mille diuerfité de perfonnages, rendant & exerceant les fonctions & facultez que l'Autheur d'icelle leur a fi prodigalement eflargi : &

le tout pour la beauté & perfection de cet
Vniuers. Entre les plantes, les vnes iouïf-
fent d'vne bonté naturelle, qui les fait
eftimer, & reputer douces & temperees, &
tres-propres à la vie humaine. Les autres
ameres, quelques fois falutaires : encores
les vnes chaudes, les autres froides, aftrin-
gentes, laxatiues, cardiaques, ou veneneufes. Et parmi les animaux raifonnables
& irraifonnables, les natures & qualitez
font fi diuerfes, qu'vn chacun conferue la
proprieté particuliere qu'il tire de fon
efpece. Les ferpents font prefque tous
veneneux, le chien abaye, le loup vrle, le
bœuf a fon mugiffement, l'hibou ou chat-
huā & les chauues-fouris ont leurs iours
emmy les tenebres. Entre les hommes, les
vns font fages, & fort fçauans : les autres
imprudēts & ignorans : les vns coleres,
mefchants & feditieux : les autres doüez

30

de toute forte de bonté. Ainfi parmy les
eaux minerales, les vnes efchaufēt, deſſei-
chēt, purgent, reſtreignēt : les autres ramo-
liſſent, deſtrempent, & adouciſſent les
humeurs les plus rebelles du corps. C'eſt
pourquoy chafque chofe eſtant diſtinguee
des autres par fa proprieté, nous voyons,
que la feule cognoiſſance d'icelles eſt non
feulement le theatre, mais le temple de la
Diuinité, où par la vraye contēplation nous
admirons les merueïlles de Dieu, lefquelles
nous experimentons és eaux, & notam-
ment en l'alumineufe, qui eſt chaude &
feiche comme fa caufe, propre aux purgations extraordinaires des femmes, aux
liēteries, diarrees, au crachement de fang,
aux vlceres, tignes des pieds, à la gale,
aux douleurs d'eſtomac, & de la teſte, aux
vertiges : comme auſſi profitable au dia-
betes, ou profluxion d'vrine, mefme à la

gonorree, laquelle, ainſi que nous auõs veu
par l'experience de ceux, qui en ayant eſté
trauaillez par longues annees, dans huiɛt
ou dix iours en ont eſté gueris. Outre plus,
elle eſt fort vtile au mauuais teint de viſage:
aux boutons & efleueures, qui y furuien-
nent, au mal de dents, à rafermir & fortifier les genciues, aux haleures du ſoleil,
aux fiſtules lacrymales, à la chaſſie des
yeux, & en fin au tremblement des nerfs.

S'il faut obseruer le mesme regime de viure au Bain d'alun, qu'en celuy du souphre, & de leur difference.

Chap. IIII.

Ovr le temps du boire & du manger, des exercices, du veiller & repos, de la douche, des cornets, & de la boisson, c'est la mesme methode de l'vn & de l'autre Bain, hormis des viures & aliments : car ceux qui prennent le bain du souphre, ont besoin d'estre humectez & rafraichis : au contraire ceux qui entrent au Bain d'alun, attēdu que c'est pour desseicher les humeurs, ils doiuēt vser des aliments secs & desficatifs, comme biscuits, amandres, poulets, chapons, mouton, perdrix, griues, pigeōneaux,

& autres oyſeaux, pluſtoſt roſtis, que bouïllis : ne prendre point de bouillõs ny matin, ny ſoir : s'abſtenir de viãdes froides, humides, cruës, acides, & phlegmatiques, comme le fromage, de toute ſorte de laiĉtage, fruiĉts & herbes. La façon de prendre le Bain d'alun eſt preſque ſemblable à celle du ſouphre, excepté qu'on demeure moins de temps, à cauſe de la chaleur de l'eau & de l'imbecillité des forces, qui manquent volontiers auſſi toſt qu'on y ſeiourne, plus qu'il n'eſt expedient. D'auãtage on boit de l'eau de l'alun toute chaude, & ſans ſel : au contraire de celle du ſouphre, qui ne ſeroit point d'operation, & ne purgeroit aucunement ſans l'addition du ſel. Toutes deux eſmeuuẽt les vrines, mais l'vne plus que l'autre, à ſçauoir celle de l'Alun. De la premiere on s'en ſert au paſt ordinairement : & point de l'autre. Mais puis qu'elles ont leurs proprietez toutes differentes, pourquoy en vſe-on ſi confuſément & indifferemment pour toutes ſortes de maladies ? & meſme du Bain d'Alun immediatement apres celuy du ſouphre ? comme ſi l'on ne ſçauroit guerir ſans les frequenter tous deux ? Sur ce ie deſire en faire vn diſcours expres.

S'il est necessaire de prendre tousiours le Bain d'Alun, apres celuy du Souphre.

CHAP. V.

LEs hommes en ce monde viuent les vns selon les loix, & fort sagement : les autres par la coustume, laquelle deçoit & trompe, bien souuent, les dessains les plus releuez : car tandis que la vie humaine est reglee par les maximes de la vertu, sur laquelle toutes les loix sont fondees, elle prospere en honneur, s'aduance à la perfection, & à la fin participe d'vne eternité de gloire : mais par l'habitude d'vne chose imparfaicte, telle qu'est la mauuaise coustume, l'on descheoit, (si non à l'instant, au moins auec le temps) de la perfection à l'imperfection, de l'hon-

neur au def-honneur, & d'vn temperament
bien reglé, en vne vie languiſſante. C'eſt le
moyen de viure, & falutairement, ſi on
vſe des choſes naturelles & nõ naturelles,
auec la diſcretion & conduitte de la raiſon.
Au contraire ſi toſt qu'on gauchit de ſa
piſte, il n'y-a ſciéce qui ne deuienne ignorance; richeſſe, pauureté; & ſanté, maladie.
Ce mãquement eſt aſſez commun par tout,
meſme parmy la methode de guerir, &
les remedes qui nous ſont neceſſaires.
Encores s'eſt-il gliſſé parmy nos excellents
& tres-falutaires Bains, deſquels l'on vſe
ſouuent, pour toutes & diuerſes ſortes de
maladies, peſle-meſle, & auec tres-grande
confuſion, ſans conſiderer l'ordre de la
ſcience, & les preceptes de la Medecine,
& qu'ils ne ſont ſemblables en nature : Car
chacun a ſes particulieres vertus & proprietez, qui ne ſe peuuent transferer de

l'vn à l'autre, en leurs operations grandement contraires. Il faut qu'elles ayent leurs
effets propres & fubordinez aux qualitez
qu'elles ont : à fçauoir, l'eau du fouphre
de ramolir, humecter, purger, defopiler,
dilater, & refoudre : Au contraire celle de
l'alun de reftraindre, incraffer, efchaufer,
& deffeicher. Et comme il n'y a maladie,
qui n'aye fon remede particulier, c'eft fans
doute mal à propos proceder, où il ne
s'agit que de ramolir, de vouloir incraffer:
& incraffer, où il faut ramolir, qui eft
côtre toute forte de practique methodique.
C'eft pourquoy ie dy : Qu'il n'eft pas
neceffaire de prendre le Bain de l'alun
pour toutes maladies, apres celuy du fouphre : ny celuy du fouphre apres le Bain
d'alun, ainfi que plufieurs font, qui s'en
trouuent tres-mal; & qu'vn certain Medecin a côfeillé, l'efté dernier, à quelques

vns. I'en ay veu l'experience, & peux
veritablemēt affeurer des plaintes qu'ōt
faiɛt la plus part des malades des douleurs
& incommoditez qu'ils en ont reffenti, tant
par la violente chaleur de l'eau alumineufe,
que par fa trop grande aftriɛtion. Et quand
l'on me diroit, Qu'il fuffit d'entrer dans le
bain d'alun vne feule iournee, pour fe fortifier : ie refpondray : Que fon eau fera
autant de mal cefte fois là, à celuy, à qui
elle n'eft pas propre, comme s'il cōtinuoit
plus fouuent. Ma raifon eft, parce qu'elle
efmeut les humeurs & efchaufe d'auantage le corps au commencement qu'on
prend fon bain, que par apres. Ie me
contenteray icy d'vn feul tefmoin de plufieurs que ie pourroy produire, pour fortifier mō dire. C'eft vn deuot Preftre de
S. Iean en Morienne, qui cet efté dernier,
ayāt prins le bain du fouphre, pour des

retractiõs de nerfs, en eſtant gueri, il vou-
lut d'abondant, par couſtume, enſuyuant
les autres, ſe baigner dans le bain d'alun.
Il n'y fut pas long tẽps, qu'il ſentit ſes
nerfs ſe retirer à la façon des cordes d'inſ-
truments eſchauffees de quelque extraordi-
naire chaleur. Ce fut donc à luy d'appeller
ſes amis, & les prier qu'on le retira de là,
pource qu'il ſe recognoiſſoit retombé en
meſme maladie qu'auparauant. Ie con-
ſeilleray donc touſiours à ceux qui doyuent
vſer du bain du ſouphre, de s'en contenter,
ſans rechercher le ſurabondát & ſuperflu.
Les Philoſophes nous enſeignent tres-bien,
Que *fruſtrà fit per plura quod poteſt fieri
per pauciora.* Que le Bain d'alun ſoit
ſuperflu, il n'eſt que trop euident, attendu
que l'eau du ſouphre a le fer qui le corrige,
& duquel elle tire vne mediocre aſtriction,
qu'on ne doit procurer plus grande, par

la trop violente feichereffe de l'eau alumineufe. Les gouteux, & ceux qui font chauds de foye, & fort bilieux, & coleriques, n'en doyuent aucunement vfer : mais feulement les pituiteux & phlegmatiques.

Si l'eau d'alun a quelques autres
proprietez que celles ià dictes.

Chap. V.

Es facultez de toutes les choses
du monde ne peuuët estre cognuës
que par deux moyës : à sçauoir,
la raison & l'experience. Le premier iuge
des qualitez manifestes par l'odorat, le
goust, la veuë, & quelque fois par l'attou-
chement, & c'est auparauant que le mixte
soit reduit aux effets de son mouuemët;
mais les actions, qui dependët de toute la
forme ou substance d'iceluy, ne se peuuët
cognoistre que par les effets, & par la seule
experience; & comme il n'y-a point de
composé qui ne reçoiue la vertu & pro-

prieté des parties, defquelles il eft compofé,
comme l'œil, qui n'ayant aucune couleur
propre en foy, iuge neantmoins de toutes :
ainfi l'eau eftant infipide, priuee d'odeur
& de faueur, par l'vnion & mixtion des
mineraux, acquiert des qualitez fi côtraires,
qu'elles font aggrandies & fortifiees par la
nature du mixte. Ce qui fe void en celle
de l'alun, laquelle eft renduë aftringente
par l'alun, & aperitiue par le vitriol : &
toutesfois ces deux qualitez s'accordent fi
bien par enfemble, fous la fubftance de
l'eau, qu'elle peut exercer ces deux proprietez, fans porter preiudice à la fienne
propre. Que l'eau alumineufe foit aftringente, perfonne n'en doute : & aperitiue,
l'experience l'affeure. Car fi l'on veut
pouffer hors les vrines, & purger les rains,
& la veffie de la grauele, en prenant la
quantité de fix à fept liures, ou chacun felon

ſa portee, ſur les cinq heures du matin,
n'ayant rien mágé, & apres allant aux
promenades requiſes, l'on verra des merueilles. Qu'on ne me die, Que c'eſt l'eau
d'vne autre petite fontaine, qui iaillit pres
celle de l'alun, & qui diſtile dans ſon bain :
Car c'eſt la verité qu'elle ſort du meſme
canal de l'eau d'alun, & n'y recognoi-on
qu'vne meſme chaleur & ſaueur, qui fait,
eſtant doüee de ces autres proprietez,
qu'elle eſt propre aux coliques nephretiques & renales : à ceux qui ſont chauds
de ſoye, pourueu qu'ils la boyuent, ou
ſeule, ou meſlangee auec les ſirops refri-
gerants, comme de limon, d'eſpine-vinete,
d'acetoſa, & des capilaires. On l'ordonne
auſſi aux foibleſſes d'eſtomac, aux aſthmes
& difficultez de reſpiration, aux defluxions
acres & ſalees, à l'ẽrheumeure, à la toux,
& à la fieure ethique : adiouſtãt le ſuccre

cãdi, le fuccre rofat, & la conferue de rofe
feiche, ou liquide. Que fi c'eft pour fortifier, l'on adioufte l'eau de canele : & pour
nourrir fimplement, le fuccre commũ. On
obferue en la beuuãt vn mefme regime de
viure qu'en la boiffon de l'eau fouphree :
neantmoins la diete deuroit eftre vn peu
plus exacte en cette-cy, qu'en l'autre. Le
temps qu'on la peut prendre, c'eft fur le
matin, comme i'ay dit, & à cinq heures,
& pendant huict, dix, & quinze iours,
pourueu qu'on foit auparauant deuëment
purgé. Les faifons de la prime, de l'efté,
& automne font fleurir cefte eau, & la
rendent recommandable : & quoy qu'on
faffe grand eftat des eaux de Spas, de fainct
Pardoux, & de Pougues, eftãt vitriolines
& alumineufes; elles ne font toutesfois fi
profitables que les noftres, veu que par
leur froid actuel elles font plus nuifibles,

voire pernicieufes à l'eftomac infirme &
debile : où les noftres par leur chaleur
fomentent la nature & les parties foibles
du corps humain.

*Si l'eau d'Alun eſt plus propre au calcul,
que l'eau du Souphre.*

CHAP. VI.

AVANT que reſoudre ceſte diffi-
culté, il faut examiner deux
choſes. La premiere, ſi le calcul,
ou pierre en la veſſie, eſt vne maladie particuliere ſeulement à l'homme, & non aux
autres animaux. Ariſtote *en ſon 12. des problemes, ſection 10.* eſcrit, que les hommes
y ſont grandement ſubiects, & les beſtes
brutes nullement. Il en donne la raiſon, à
ſçauoir, Que les animaux n'ont point de
veſſie, comme les oyſeaux & les poiſſons.
Que s'ils en ont, le canal eſt ſi large, que
l'excremét de l'vrine n'y peut tant ſeiour-

ner, qu'il puiſſe former ce mal ſi cruel & inhumain : l'homme au contraire l'a ſi petit & eſtroit, que par force il s'y retient & congrege des immondices, comme le ſable, flegme, craſſitude & feculence d'vrine, & en fin la pierre. Opinion qu'Abſyrtus & Hierocles ont tenu, qui ont beaucoup eſcrit de la nature & maladies des animaux, ſans auoir rien touché, ny parlé de leur calcul. Vegetius au contraire recite, *en ſon liure 1. de la Medecine, chap. 22.* Que les beſtes brutes ſont nõ ſeulement ſubiectes à ce mal, mais encores enſeigne la façon & methode de le guerir. Petrus Aponenſis *au commentaire du probleme ſuſdit*, racõte auoir veu vne pierre dans la veſſie d'vn porceau: adiouſtãt, Que la raiſon veut qu'ils y ſoyẽt ſubiects, veu que la plus grande partie d'iceux rend l'vrine trouble, craſſe, & beaucoup terreſtre, de laquelle le calcul ſe

forme. Pour accorder ces anciens Phyſi-
ciens & Medecins, les premiers diſant,
Que l'homme eſt ſubiect au calcul, &
point les animaux, il faut entendre plus
l'homme, que les animaux. Et touchant
ceux qui diſent que les animaux rendent
les vrines troubles, & partant qu'ils
deuroyent eſtre plus ſubiects à la pierre
que les hommes, ie dy, Que leur nature
diuertit ailleurs cet effect, & au lieu de
produire le calcul, conuertit la matiere
coniointe d'iceluy en des ongles, poil,
cornes & autres parties excremẽteuſes.
C'eſt pourquoy ce mal ſera plus particulier
aux hommes, qu'aux autres animaux. Que
les hõmes ſoyẽt moleſtez & trauaillez de
la pierre, l'experience iournaliere nous le
faict que trop voir, au grand preiudice &
perte de la vie de pluſieurs perſonnes.

Lᴀ ſeconde choſe à examiner conſiſte,

en ce qu'on demande, ſi tout ce qui eſt
contenu ſous l'eſpece de l'hõme eſt egalement ſubiect au calcul, comme les femmes,
petits enfans, ieunes hommes, & gẽs vieux.
En ce faict Hipocrates *en ſon 3. aphoriſ.*
& auec luy Galien, & Auicenne, & vne
infinité d'autres Medecins, ont dit, les
enfans en eſtre plus vexez & incommodez
que les hommes : & les hommes plus que
les femmes. Quant aux enfans, il eſt veritable, que comme ils ſont auides & voraces,
ils engendrent & accumulent beaucoup
d'humeurs cruës & indigeſtes, leſquelles
eſtant portees par l'vrine dans la veſſie,
ſeruent de matiere generatrice du calcul,
laquelle par la chaleur naturelle s'endurcit
& deuient ſolide, ainſi que dit le meſme
diuin Hipocrates, *en ſon 4. liu. des maladies,* donnant l'exemple du fer, qui s'endurcit par la chaleur du feu. On adiouſte vne

autre caufe du calcul, à fçauoir les vafes
ferrez, exiles, & fort petits des enfans, qui
retiennent beaucoup de feculence, apte à
former pluftot la grauele. Touchant les
hommes aduancez en aage, quoy qu'ils
abondent en cruditez & humeurs terreftres,
leur chaleur eftant fort petite, ou beaucoup affoiblie, ils ne peuuent former fi
facilement le calcul, que les ieunes, &
enfans : & encores ceux-cy le plus fouuent
l'ont par proprieté hereditaire, ou par le
vice de leurs nourrices, felon le dire
d'Hipocrates, *en fon mefme 4. liure des
maladies*, qu'il attribue à leur mauuais
regime de viure, & au laict depraué que
les petits enfans fuccent, lequel eftant
craffeux & terreftre, leur fert ordinairement de matiere coniointe à produire la
pierre. Quãt aux femmes, il y a trois
chofes qui empefchent qu'elles ne foyent

ſi calculeuſes. La premiere, à cauſe qu'elles
ont le canal de la veſſie fort petit & court.
La ſecõde, qu'elles l'ont large : & la derniere, droiⒸ & non anfraⒸueux, comme
eſt celuy des hommes, qui en l'aage de
virilité, pour l'exceſſiue chaleur du foye &
des rains, qu'ils ſupportent, & qui eſt le
plus ſouuent en eux cauſe efficiẽte & productrice de la pierre, ſont plus incõmodez
& tourmẽtez, que les femmes.

Ces deux queſtiõs eſtant vuidees, ie peux
aſſeurer les deux ſortes de fõtaines eſtre
vtiles & profitables au calcul : mais l'vne
plus que l'autre. Ie preuue ma concluſion,
tant par la diuerſe & differente nature des
mineraux, deſquels elles ſont compoſees,
que par leurs effets. On ſçait l'alun eſtre
chaud, & ſec, & fort aſtringent : le ſouphre
auſſi chaud, mais fort remolitif : En outre
le vitriol, qui eſt fort corroſif, & qui s'vnit

auec l'eau d'alū, luy donne certaine poincte
& viuacité, fi qu'eftant prinfe à la façon
fufdicte, elle penetre fi bien les rains, les
vrteres & la veffie, qu'on la rend auffi
claire comme on l'a beuë. Ce qu'on ne
fçauroit faire par l'eau fouphree, laquelle,
·par la chaleur tepide qu'elle a en efté,
efchaufant les humeurs, & les parties du
corps humain, efmeut feulement dans le
bain l'vrine, deftrēpe, ramolit & deliure
les membres qui font bouchez. I'ay dit cy
deffus le vitriol eftre fort corrofif & mordicant, ce qui eft vray, fi on le confidere
fimplement en fa nature : mais eftant
abreuué d'vn deluge d'eau, il perd du tout
fa corrofion : ny plus ny moins qu'vn peu
du vin meflangé dans vne grande quātité
d'eau. C'eft pourquoy l'eau paffant pres le
vitriol, & domptant fa chaleur & acrimonie, ne retiēt que la feconde qualité, qui

eft d'eftre penetratiue & diuretique, laquelle
eft plus grande en elle, qu'en celle du fouphre : par confequent plus propre au
calcul.

*Les maladies, aufquelles l'eau d'alun
eft profitable.*

Chap. VII.

Es eaux minerales ont de fi gran-
des proprietez & vertus pour les
indifpofitions du corps humain,
qu'elles font en general, ce que tous les
medicaments, tant fimples que cõpofez de
la Medecine, font en particulier : car
comme les vns gueriffent le chef, qui eft
felon Platõ, la principale partie de l'homme,
d'où ils font appellez cephaliques & capi-
taux : les autres, les maladies des parties
du ventre moyen, & inferieur, pourquoy
ils font nõmez cardiaques, ftomachiques,
pectoraux, hepatiques, fpleniques, & hifte-
riques : diuerfité de noms & epithetes qu'ils
prennent, tãt pour la diuerfité des mem-

bres, aufquels ils font propres; que pour
leur naturelle proprieté : & ont leurs effets
tellement fpecifiques & determinez, qu'ils
ne peuuent rien operer qui foit propre au
commũ & general d'iceux. Et non fans
caufe, veu que participãts feulement d'vne,
ou de deux qualitez, ils font rendus fous
leur action particuliere : mais nos eaux
minerales paffant pres de plufieurs mineraux, acquierent, par la perpetuelle propagation & production d'iceux, & du feu
terreftre, des vertus & facultez comme
vniverfelles : fi bien que celuy qui diroit,
l'eau d'alun n'auoir que les proprietez de
guerir vne ou deux maladies, fe tromperoit
grandement. Cela fe void par la demonftra-
tion, qu'on faict des incommoditez qu'elle
guerit, tant en la tefte, qu'en toutes les
parties du corps humain, foit qu'elles
foyent internes, ou externes.

Povr preuue de mon dire, i'en deduiray la plus grande partie, commençeant par les externes, à fçauoir, par la dychophie, trichiafis, crifpatie, rhopalofis, alopecie, olphiacis, fcabricie, tigne, gale, vlceres, qui font affeſtions dependantes des cheueux, de l'epiderme, & de toute la peau; lefquelles font en leurs principes gueries tant par la douche, eſtuues, boiſſon, que par l'vſage du bain. Les internes en font de mefme, comme l'ydrocephale, & les maladies des yeux, à fçauoir, l'ophtalmie, l'epiphore, emphyſema, chalafis, l'anchilops, ægilops, chrite, enchantis, eſtropie, ptillopis, celomatia, l'ipopion, la nuee, l'albumen, l'argemon, l'eptirigium, mydrafis, le niſtolops, glaucoma, fuſſufion, l'embliopia, ecpiefmos, maladies lefquelles par la vertu defficatiue de l'alun, peuuent receuoir non feulement de l'allegement,

mais auſſi de la gueriſon. Celles auſſi des
aureilles, comme les douleurs d'icelles,
ſoit qu'elles prouiennent de l'intemperie
froide, craſſeuſe, glutineuſe, & flatueuſe
des humeurs qui ſont dans icelles, ou dãs
le cerueau. Les infirmitez des narines,
leſquelles deprauent & gaſtent le sẽs de
l'odorat, & ſur tout en empeſchãt & bou-
chant ſon organe, comme le ſarcoma, poly-
pus, ozena, les vlceres putrides des os
ethmoïdes. Celles de la bouche, cõme les
aphtes pituiteuſes, les douleurs des dents,
leur noirceur : les affections de la langue,
à ſçauoir, le batrachus, ou ranula. Les
taches du viſage, les varons, lentilles, ſug-
gillation, & toute rudeſſe de cuir : les ſcru-
phules qui prouiennent d'vn humeur
melancholique, & phlegmatique : le bron-
cocele, qui ſe forme, tant aux hommes,
qu'aux femmes, par l'vſage des eaux par

trop froides, comme celles de neige. Les
maladies du cerueau, à fçauoir, la cephalee,
cephalagie, l'emicrania, la melancholie,
lycanthropie, cynanthropie, le vertige,
l'epilepfie, l'apoplepfie, hemiplexie, la para-
lifie, excitee par l'abondance de la pituite,
la conuulfion, le tremblement, l'affoupiffe-
ment, le catarre. Elle eft auffi profitable à
la poictrine, comme aux douleurs de la
clanicule, des efpaules, du cofté : aux
mammelles efcorchees, & vlcerees, aux
humeurs d'icelles, & au laict depraué : aux
playes du thorax, à la toux, à la voix rau-
que, à l'afthme, & l'empieme. Les affectiõs
du cœur, comme l'ardeur fieureufe de la
tierce, quarte, & continue. Les ferofitez
du pericarde, auquel on tient que l'humidité radicale refide, & que ce fut l'eau qui
fortit auec le fang du cofté de mõ Sau-
ueur : car aucune eau pure ne peut fortir

des parties de nos corps, fi ce n'eſt de la
tunique du pericarde, laquelle eſtant bleſſee,
la mort foudaine s'en enfuit : & pource
que le cœur de Iᴇsᴠs-Cʜʀɪsᴛ fut percé,
ainſi qu'aſſeure fainℭ Iean, teſmoing ocu-
laire de fa doloreuſe Paſſion, les deux parties du cœur eſtant ouuertes, de l'vne en
fortit fon tres-pur, & tres-pretieux fang,
& de l'autre l'eau que les Hiſtoriens, &
Theologiens tiennent eſtre fortie miracu-
leuſement de fon corps, quoy que naturellement cela fe puiſſe faire. Les maladies
du ventre inferieur font auſſi gueries,
comme la douleur d'eſtomach, fon intemperie humide & froide, la cardiagie, la
nauſee, le vomiſſement, le hauquet, la cru-
dité, l'inappetence, le bolimus, ou la faim
canine, la concoℭtion deprauee, la diarrhee,
la periree, la celiaque affeℭtion, les coliques
tant renales que venteuſes, les hernies

inteſtinales, les tumeurs de l'epiploon, &
du pancreas, l'intemperie du foye, l'ydro-
piſie, les vlceres des rains, l'iſcurie, & diſ-
urie de la veſſie, la profluxion du pus, le
calcul, & le ſable. Les maladies de l'vterus,
& de la matrice, côme ſon intemperie froide
& humide, les vlceres, la profluxion immoderee des fleurs blanehes, & des menſtrues
des femmes : les tignes des pieds, & leurs
tumeurs edemateuſes. En fin pluſieurs
autres manquemens de nature.

QVE ſi on me dit, que l'eau toute ſeule
ne peut executer tels & ſemblables effets
en la cure des ſuſdites maladies, l'on con-
ſiderera que c'eſt par la voye des mineraux,
& des vertus, & facultez qu'elle rend
d'iceux, & deſquels la nature dans ces
cellules internes, trouuant vn diſſoluant
fort propre, en extraiĉt la force & puiſ-
fance, pour la faire communicable à l'eau,

laquelle eftant fans qualité, reçoit aifément les facultez, & proprietez d'iceux : fi bien qu'eftant doüez d'vne chaleur, & fecherefle fort grande, confument & deffeichent les humiditez fur-abondantes des parties du corps humain : & par mefme moyen profitent aux maladies & indifpofitions, qui prouiennent d'vne caufe froide & humide. En ces operations, l'induftrie, & le labeur des hommes s'y perd entierement, attendu qu'outre l'effence & fubftance des mineraux, Dieu donne quelque fpecifique & infufe qualité, laquelle n'eft pas feulement experimentee, & efprouuee en vn lieu tout feul, ains en plufieurs parties de la terre.

34

Du meſlange & mixtion de l'eau chaude auec la froide.

Chap. VIII.

Es choſes omogenes ont ſi grande proportion & vnion par enſẽble, que quoy qu'elles reçoiuent vne petite alteration par quelque qualité qui leur eſt de nouueau communiquee, elles ne laiſſent pour cela de produire & operer les effets qui leur ſont naturels. Cela eſt euident en l'eau, principalement au meſlange & mixtion de celle qui eſt chaude (comme celle de l'alun) auec l'eau froide. Car cõme ſa proprieté eſt d'humecter & refroidir, quoy qu'elle reçoiue vne petite chaleur par l'addition de ſa ſemblable, laquelle tire ceſte impreſſion du feu ſouſterrain, & de la qualité de ſon mineral; neantmoins elles

se lient si estroittement par ensemble, que la chaleur accidentelle ne rompt & ne destruit aucunement leur nature : ains la fortifiant, fait qu'elles se rendent propres & salutaires à plusieurs humaines aduersitez. Et tout de mesme qu'és mouuements des cieux s'engendre vne harmonie si grande, que nostre musique n'est qu'vne imparfaicte ressemblance de la celeste, (comme Pytagoras, Macrobe, & Platon ont tenu :) ainsi parmy les corps elementaires, & particulierement entre ceux qui sont de mesme substance, y a telle vnion & conuenance de nature & de qualité, que leur mixtion n'est que la parfaicte harmonie d'vn bon temperamẽt. Et biẽ qu'on voye quelque fois qu'ils surpassent leurs naturelles proprietez sur vn petit grade de chaleur, que le Ciel fait couler insensiblement dans leurs essences : Toutesfois cela se fait

pour la plus grande perfeƈtion d'iceux, &
de noſtre bonheur : car ſi en la muſique
on entend vn Superius, qui excede & ſur-
paſſe toutes les autres voix, c'eſt touſiours
auec la meſure & les tons neceſſaires pour
la rendre plus agreable & deleƈtable à nos
ſentimēts : Auſſi l'eau, pendant qu'elle
s'accorde auec les autres elements, fait, ſi
i'oſe dire, vn melodieux concert & temperament, & le tout pour la beauté de l'Vniuers. Mais lors, que ſur la domination d'vn
peu de chaleur accidentelle qu'elle acquiert,
elle fait voir la qualité ſuperieure de l'ele-
mēt du feu, qui comme la voix d'vn Superius eſleuee paroiſt ſur les quatre vniuerſels
principes de ce monde, elle ſe rēd plus
agreable & delicieuſe à fomenter & entretenir nos vies. Cela ſe void au meſlange &
permixtion, qui ſe fait entre les deux fontaines, qui compoſent & font le Bain

temperé : les vertus & facultez duquel deuroyent eſtre deſcriptes à part : mais veu que c'eſt preſque la meſme choſe que l'eau d'alun, il ne ſera qu'à propos de ſuyure dans ce traicté, ce qui ſe peut dire de ſa nature.

Du Bain temperé.

Chap. IX.

 A fin pour laquelle la Nature a produit les elements n'eſt pas ſeulement pour compoſer & occuper vne partie de l'Vniuers : mais auſſi pour feruir à toutes les choſes creées : à ces fins le Bain temperé participant du troiſieme element, à ſçauoir, de l'eau, fait que nous reſſentions ſes facultez, qui ne ſont qu'humectatiues & refrigerantes, propres aux chaleurs de foye & des rains, aux corps amaigris, aux galeux, aux fieures ethiques, & intermittentes, aux laſſitudes, & au cuir endurci. Ainſi eſt-il rapporté par vn certain Autheur, qui dit : *Balneū laſſitudines mulcet, exhauritquen inquinamenta acriora ſub cute latentia, & intemperiem omnem*

corrigit. Et quoy que les fieures ethiques foyent incurables, principalement celles qui font defia confirmees, le vray fcope & intention de la Medecine eft pour les guerir, de rafraichir & humecter, tant interieuremēt, qu'exterieuremēt le corps. A cet effet on difpofe & prepare vn bain temperé, pour humecter les membres, qui font par trop affeichez, & temperer les humeurs les plus efchauffees. De mefme en eft-il aux fieures periodiques, & inter-mittentes, pourueu qu'on vfe de ce Bain à propos, & comme il faut : fur tout obfer-uant qu'il foit prins, auec les fignes de coction qui font neceffaires : autrement il feroit dommageable : car en attirant les humeurs crues au cuir, il cauferoit des grandes opilations & obftructions. C'eft pourquoy il faut que toutes chofes foyent bien difpenfees, veu que, comme dit Hipo-

crates, *au 4. de victus ratione*, plufieurs
biens & vtilitez font au Bain, auquel
toutes chofes font appropriees : que s'il y
a quelques deffauts d'icelles en vne, ou en
plufieurs, il eft à craindre qu'il ne nuife
plus, qu'il n'ayde. Et quoy que le Bain
temperé, prins de la perfonne faine, deuant
ou apres le repas, & en temps propre,
confirme la fanté : neantmoins ceux qui
font malades & incommodez en peuuent
auffi librement, & hardimēt vfer. Quelquefois auffi le mal eft fi grand, qu'il ne
peut fi toft contenter fon fubiect : & mefme
aux premiers iours : pour ce ne doit-on
promptement perdre courage, ny fe defier
de la guerifon. C'eft l'opinion du fage &
diuin Medecin Hipocrates, qui dit *en fon*
52. aphorifme, fection 2. Si quelqu'vn vfe
à propos du regime de viure, & des medi-
camens (au nombre defquels font les Bains

naturels & artificiels) auec les forces requifes, & le confentement de la nature commune & particuliere, il ne doit foudainement & temerairement changer fon remede, bien qu'il ne luy profite beaucoup: pourueu que la premiere intention, qui difcerne le bain, foit encor en eftat, & que le mal & les accidents ne foyent par trop violenis. Par ainfi il ne faut fi legerement quitter les premieres refolutions, en ce mefmement qui nous peut foulager & guerir : ains pluftoft fe roidir contre le mal, & fupporter le remede fi longuement qu'on pourra. Car, comme dit Celfe *en fon liure 3. chap. 5.* il ne faut point defifter, d'autant que fouuent l'opiniaftreté du malade furmôte fon mal. Or d'autant que d'ailleurs nous efprouuôs auffi en nous mefme quelque changement à tout moment, & en tout aage, & ce par les qualitez

35

cõtraires, qui minent nos forces, eſtant ſemblables à ceux qui voguent ſur mer, leſquels ou aſſis, ou debout, ou couchez vont touſiours : Toutesfois quoy que nous marchions ſans ceſſe, aux douleurs & regrets d'vne vie languiſſante, nous pouuons par le moyen du Bain temperé, qui eſt fait ſelon la nature, reparer ſes defauts, ſi non parfaictement, du moins luy donner vn ſoulagement aggreable.

Qve ſi la chaleur naturelle, agiſſant inceſſamment cõtre l'humidité radicale, & s'affoibliſſant d'elle meſme par ſa continuelle action, ſans que par la nourriture, ny que par remede quelconque nous puiſſions reparer autant de ces deux principes de vie qu'il s'en perd iournellement, il eſt force que le temperament decline peu à peu, & que le froid commence à predominer au corps, par l'affoibliſſement de la

chaleur naturelle : & auſſi que le meſme
corps ſe deſſeiche, & conſume : euenemens
qui ſont ſuiuis de mille ſortes d'infortunes
leſquelles on ne peut retarder, ny mieux
fauorablement empeſcher, que par la forti-
fiante, & viuifiante chaleur du Bain. Car
comme c'eſt ſon propre, ou pluſtoſt du feu,
par tout, de tout mouuoir; & de l'eau de
nourrir tout, ils ſuffiſent à toutes choſes,
& mutuellement s'entre-aydent pour noſtre
vtilité : ce que ſeparez ils ne peuuent :
d'autant que leur combat eſt perpetuel, &
leur gloire incertaine. Ceſte chaleur, qu'on
void ſortir des canaux ſouſterrains, deſliure
les corps de leurs impuretez, ſoulage les
parties foibles, entretient le premier &
principal inſtrument de l'ame, & en fin
viuifie tout : proprietez qui accroiſſent
autant les loüanges des Bains, que le ſeu,
& chaleur, qu'ils communiquent aux hõmes,

fait des merueilles. Ce qui tranſporte les Philoſophes en la meditation de leurs effeȼts, qui ſous vne ſeçrete desfiance, les emmeine au meſcontentement de ſi petites, & foibles raiſons, tant de la duree de leurs proprietez, de leur particuliere façon d'operer, & de leur nature, qu'en fin ils ſe reſoluent à vn diſcret ſilence. Auſſi les ſciences ont leurs bornes, & c'eſt errer de ſe tormẽter à vouloir ſçauoir plus qu'il ne ſe peut. *Celuy eſt ſage,* dit Æſchilus, *qui ſçait non pas beaucoup de choſes, mais celles qui ſont intelligibles.* Il n'y a rien de plus grand en la ſcience de l'homme, que de cognoiſtre, & diſcerner iuſques où elle ſe peut, & ne ſe peut pas eſtendre. Diſons libremẽt ce que dit Philon le Iuif : *La fin de la ſcience eſt de cognoiſtre ſon ignorance,* & que de ſçauoir les proprietez & natures de toutes choſes n'appartient qu'à Dieu ſeul. Socrate

fuft-il pas eftimé, & nommé le plus Sage
des hommes, par l'Oracle de Delphes,
parce qu'il difoit ne rien fçauoir, & ignorer
tout ? C'eftoit, dit Platon, l'art de Socrate,
de faire que les hommes n'eftimaffent pas
fçauoir ce qu'ils ne fçauoyent pas. Et
certes c'eft beaucoup d'apprendre par la
fciéce, qu'il y a plufieurs chofes qu'on
eftime tomber fous la cognoiffance humaine,
lefquelles ne peuuent eftre fceües : Et n'eft
pas peu de cognoiftre par les autres, ce
qu'elles ne font pas. Le fruict n'eft pas
petit, dit S. Auguftin, fi en plufieurs chofes
obfcures, que nous ne pouuons comprendre, il nous eft certain qu'il ne les faut
chercher : car fi nous croyons de les fçauoir en les recherchant, nous ignorerons
toufiours ce que ne pouuons pas fçauoir.
Qu'on difpute tant qu'on voudra pourquoy
nos eaux thermales ont tant de rares, & fi

contraires qualitez & proprietez : & pourquoy le Mont-Riual produit de fi belles &
falutaires fontaines. Toufiours Dieu fe con-
feruera & retiendra la maiftrife fur leurs
qualitez, & fera paroiftre aux Philofophes,
qu'il eft plus fage, & plus puiffant à faire
des merueilles par icelles, qu'ils ne font
impuiffants & foibles en leurs imagina-
tions. C'eft chofe fort honorable de fçauoir
ce que la Nature nous enfeigne : mais de
pafler outre, & apoftropher le Seigneur des
Seigneurs, dire beaucoup de ce qu'on ne
peut rien fçauoir, *nifi veleti per fpeculum,
& in enigmate,* c'eft vouloir trop entreprendre, & dire trop peu de ce qu'on
diroit beaucoup d'auantage, s'il nous eftoit
cogneu.

FIN.

INDICES
DES CHAPITRES
CONTENUS EN CE
PRÉSENT OEVVRE
DES MERVEILLES
des Bains d'Aix
en Sauoie.

Au Premier Liure,

*V'il ne faut pas rechercher la raifon des caufes qui nous font incognuës : & qu'il eft neceffaire* d'auoir vne prudente & limitee curiofité fur le fubiect qu'on doit traicter. Chapitre I. fueillet 11.*

Defcription du lieu, & des Bains. Chap. II. fueillet 17.

*Les Autheurs & Inuēteurs des Bains.
Chap. III. fueillet* 21.

*La qualité & proprieté de l'air d'Aix en
Sauoye, enfemble quelques curiofitez de
l'Abbaye d'Haute-côbe, & de la fontaine des
merueilles.   Chap. IIII. fueil.* 26.

*Figure & forme des Bains d'Aix. Chap. V.
fueil.* 42.

*Des Bains en particulier. Chap. VI.
fueil.* 46.

*De la nature du fouphre, & s'il y-a des
eaux fulphurees.   Chap. VII. fueil.* 51.

*Si au bain du fouphre on y recognoit
quelque autre mineral, que le pur fouphre.
Chap. VIII. fueil.* 57.

*Du bitume, nitre, & fel. Chap. IX.
fueil.* 61.

*Les qualitez manifeftes de l'eau fulphu-
ree.   Chap. X. fueil.* 69.

Des qualitez occultes de l'eau sulphuree. Chap. XI. fueil. 86.

Questions necessaires au traicté de l'eau sulphuree.   Chap. XII. fueil. 91.

Methode generale pour prendre les Bains. Chap. XIII. fueil. 96.

Du regime de viure, qu'il faut observer aux Bains   .Chap. XIV. fueil. 105.

Les remedes necessaires à ceux qui prennent les Bains.   Chap. XV. fueil. 112.

Maniere & façon comme on prend les Bains & les eaux, dans Aix en Sauoye. Chap. XVI. fueil. 117.

De la douche, cornets, & estuues. Chap. XVII. fueil. 126.

Si les Bains d'Aix sont profitables aux femmes steriles & aux surditez d'oreille. Chap. XVIII. fueil. 137.

Si les Bains ont quelques proprietez

pour guerir la gale, lepre, goute, ſciatique
& verole.   Chap. XIX. fueil. 15o.

Si les Bains de ſouphre peuuent guerir
le venin du corps humain auſſi bien que
celuy des ſerpents.   Chap. XX. fueil. 16o.

Si les eaux du Bain du ſouphre peuuent
corriger & tuer les vers des petits enfants.
Chap. XXI. fueil. 168.

AU SECOND
LIVRE:

ST *traiclé du Bain d'Alun.*
Chapitre I. fueillet 173.

De l'Alun. Chap. II. fueil. 178.

Les qualitez & proprietez de l'eau alu-mineufe.   Chap. III. fueil. 182.

S'il faut obferuer le mefme regime de viure au bain d'alun, qn'en celuy du fouphre, & de leur difference. Chap. IIII. fueil. 186.

S'il eft neceffaire de prendre le Bain d'alun, apres celuy du fouphre. Chap. V. fueil. 189.

Si l'eau d'alun a quelques autres pro-

prietez que celles ià dictes. *Chap. V. fueil. 195.*

Si l'eau d'alun est plus propre au calcul, que l'eau du souphre. *Chap. VI. fueil. 200.*

Les maladies aufquelles l'eau d'alun est profitable. *Chap. VII. fueil. 208.*

Du meflange & mixtion de l'eau chaude auec la froide. *Chap. VIII. fueil. 216.*

Du Bain temperé. *Chap. IX. fueil. 220.*

Corrections.

Page 8. vers 5. *excolant*, lifez *extollant.* pag. 27. ligne 11. lifez *cùm fit*, au lieu de *fic.* pag. 53. ligne 5. autres, lifez aurees. pag. 117. ligne 3. par experience, lifez par l'experience. pag. 149. ligne 4. les, lifez fes. pag. 154. ligne 16. pour, lifez par.

PERMISSION

IE confens l'impreſſion de ce liure des Merueilles des Bains d'Aix en Sauoye, par IAQVES ROVSSIN, *Libraire & Imprimeur de ceſte ville. Et deffences à tous autres de l'imprimer, ſur les peines de droiɕt. Faiɕt ce 8. Decembre, mil ſix cents vingt-deux.*

BOLLIOVD.

VEv le conſentement du Procureur du Roy, il eſt permis à Iaques Rouſſin d'imprimer le preſent Diſcours, auec deffences à tous autres de l'imprimer ſur les peines de droiɕt : ce neufieme Decembre, mil ſix cents vingt-deux

DECHAPONAY.

ACHEVÉ D'IMPRIMER

LE 31 AOUT 1891

SUR LES PRESSES

DE

FRANÇOIS DUCLOZ

IMPRIMEUR-ÉDITEUR

A

MOUTIERS-TARENTAISE

(SAVOIE)

BIBLIOTHÈQUE SAVOYARDE

Formée d'ouvrages rares ou curieux des XVIᵉ, XVIIᵉ et XVIIIᵉ siècles, intéressant la Savoie par le nom de leur auteur ou le sujet traité.

OUVRAGES PARUS :

HISTOIRE DE LA COMTESSE DE SAVOIE
Par *Madame de Fontaine*, *Nouvelle édition publiée avec Notices & Commentaires par Charles Buet, dédiée à Marguerite de Savoie, reine d'Italie ;*
Deux gravures : Portrait du Comte Odon, Mariage d'Adelaïde de Suze. in-8 Japon-Forest : 20 fr.

ALPHABET D'ERUDITION,
contenant les Memoires & Reflexions de Monfieur de Blonay à fon cher fils François-Jofeph & à la poftérité de la maifon de Blonay ; augmenté d'une Notice biographique & littéraire & des armoiries de la Maifon de Blonay. Chambéry 1608. in-8 Japon-Forest : 15 fr.

RÈGLEMENT DE POLICE DE LA PART DES NOBLES SYNDICS & CONSEIL DE LA VILLE DE MOUTIERS EN 1779,
Édition diamant, encadrée, in-32 : 3 fr.

LE PREMIER CRI DE LA SAVOIE VERS LA LIBERTÉ
par C.-C. Grenadier patriote, avec préface par V. Barbier, réimpression de l'édition de 1791, in-32 : 3 fr.

LES MERVEILLES DES BAINS D'AIX EN SAVOYE,
par J.-B. de Cabias, réimpression de l'édition de 1623, avec une préface du docteur L. Brachet et une bibliographie par V. Barbier. in-8. 10 fr.